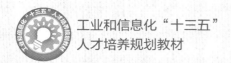

工业和信息化"十三五"
人才培养规划教材

Power BI
数据分析与数据可视化

微课版

夏帮贵 主编

U0300349

Power BI Data Analysis
and Data Visualization

人民邮电出版社
北　京

图书在版编目（CIP）数据

Power BI数据分析与数据可视化：微课版 / 夏帮贵
主编. -- 北京：人民邮电出版社, 2019.9（2024.6重印）
工业和信息化"十三五"人才培养规划教材
ISBN 978-7-115-51255-0

Ⅰ．①P⋯ Ⅱ．①夏⋯ Ⅲ．①可视化软件－数据分析
－高等学校－教材 Ⅳ．①TP317.3

中国版本图书馆CIP数据核字(2019)第091754号

内 容 提 要

本书注重基础、循序渐进，系统地讲述了 Microsoft 推出的智能商业数据分析软件 Power BI 的相关基础知识，涵盖了安装 Power BI Desktop、获取数据、查询编辑器、数据分析表达式、数据视图、管理关系、报表、可视化效果、Power BI 服务等内容，并在最后一章以社科研究数据分析为例进行了知识点的综合讲解。对于每一个知识点，本书都尽量结合实例帮助读者学习理解。前 8 章最后都配有综合实例来说明本章知识的使用方法。

本书内容丰富、讲解详细，适用于初、中级 Power BI 用户，可用作各类院校相关专业的教材，也可作为 Power BI 爱好者的参考书。

◆ 主 编 夏帮贵
责任编辑 左仲海
责任印制 马振武
◆ 人民邮电出版社出版发行 北京市丰台区成寿寺路 11 号
邮编 100164 电子邮件 315@ptpress.com.cn
网址 http://www.ptpress.com.cn
三河市祥达印刷包装有限公司印刷
◆ 开本：787×1092 1/16
印张：12.25 2019 年 9 月第 1 版
字数：286 千字 2024 年 6 月河北第 9 次印刷

定价：42.00 元

读者服务热线：(010)81055256 印装质量热线：(010)81055316
反盗版热线：(010)81055315
广告经营许可证：京东市监广登字 20170147 号

前 言 FOREWORD

随着大数据技术的不断发展，数据已与人们的生活息息相关。海量的数据通过文件、数据库、联机服务、Web 页面等被记录下来，随之出现了大量的数据分析软件。Microsoft 推出的 Power BI 整合了 Power Query、Power Pivot、Power View 和 Power Map 等一系列工具，可简单、快捷地从各种不同类型的数据源导入数据，并可使用数据快速创建可视化效果来展示分析结果。

党的二十大报告提出：我们要坚持教育优先发展、科技自立自强、人才引领驱动，加快建设教育强国、科技强国、人才强国。本书针对 Power BI 初学者进行内容的编排和章节的组织，争取让读者在短时间内掌握 Power BI 可视化的数据分析方法。本书以"基础为主、实用为先、专业结合"为基本原则，在讲解 Power BI 技术知识的同时，力求结合项目实际，使读者能够将理论联系实际，轻松掌握 Power BI。

本书具有以下特点。

1．入门条件低

读者无须具备太多技术基础，跟随教程即可轻松掌握 Power BI 可视化的数据分析方法。

2．学习成本低

本书在构建学习环境时，选择了使用最为广泛的 Windows 操作系统、免费版的 Microsoft Power BI Desktop、Microsoft SQL Server、MySQL 及免费的 Power BI 试用账号等。

3．内容编排精心设计

本书内容编排并不求全、求深，而是考虑初学者的接受能力，选择 Power BI 中必备、实用的知识进行讲解。各种知识和配套实例循序渐进、环环相扣，逐步涉及实际案例的各个方面。

4．强调理论与实践结合

书中的每个知识点都尽量安排了一个短小、完整的实例，可方便教师教学，以及学生学习。

5．实用的课后习题

每章均准备了一定数量的习题，可方便教师安排作业，以及方便学生通过练习巩固本章所学的知识。

6. 丰富的学习必备资源

为了方便教学，本书收集了书中的所有实例、资源文件及习题参考答案，并精心录制了 135 个视频帮助读者学习。

本书作为教材使用时，课堂教学建议安排 24 学时，实验教学建议安排 12 学时。各种主要内容和学时安排如表 1 所示，教师可根据实际情况进行调整。

表 1　主要内容和学时安排

章节	主要内容	课堂学时	实验学时
第 1 章	初识 Power BI	2	1
第 2 章	获取数据	3	1
第 3 章	查询编辑器	3	1
第 4 章	数据分析表达式	2	1
第 5 章	数据视图和管理关系	2	1
第 6 章	报表	2	2
第 7 章	可视化效果	4	2
第 8 章	Power BI 服务	2	1
第 9 章	社科研究数据分析	4	2
合计		24	12

读者可登录人邮教育社区（www.ryjiaoyu.com）下载相关资源。

由于作者水平有限，书中难免存在疏漏和不足之处，敬请广大读者批评指正。作者邮箱为 314757906@qq.com。

编者

2023 年 5 月

目 录 CONTENTS

第 ❶ 章 初识 Power BI

重点知识：
- 了解 Power BI 的功能和家族成员
- 掌握 Power BI Desktop 的安装方法
- 了解 Power BI Desktop 的界面
- 学会使用 Power BI 文档

Power BI 是 Microsoft 公司推出的一套智能商业数据分析软件。Power BI 可连接上百个数据源、简化数据并提供即席分析。即席分析指用户可根据需要改变条件，系统自动生成美观的统计报表并进行发布。组织内部成员可在 Web 和移动设备上查看报表。用户还可以创建个性化的仪表板，全方位展示业务数据。

1.1 Power BI 简介

Power BI 整合了 Power Query、Power Pivot、Power View 和 Power Map 等一系列工具。熟悉 Excel 的用户可以快速掌握 Power BI，甚至可以在 Power BI 中直接使用 Excel 中的图表。

1.1.1 Power BI 功能简介

Power BI 的主要功能如下。

V1-1　Power BI
简介

1. 连接到任意数据源

Power BI 可以连接到多种不同类型的数据源，包括 Excel 文件、文本（CSV）文件、XML 文件、SQL Server 数据库、Oracle 数据库、Web 数据等，几乎囊括了所有类型的数据。

在 Power BI 的"获取数据"对话框中可查看能够连接的数据源类型，如图 1-1 所示。

提示：Power BI 支持使用自定义的连接器来连接特殊数据源，这也说明了几乎没有 Power BI 不能连接的数据。

---

2. 管理数据、数据建模

在 Power BI 的数据视图、查询编辑器中，可对来自数据源的数据进行清理和更改。图 1-2 显示了 Power BI 的查询编辑器。在查询编辑器中，可轻松完成如更改数据类型、删除列或合并来自多个源的数据等操作。

3. 创建视觉对象

视觉对象是报表中展示数据的基本元素。可根据需要为报表创建各种视觉对象，如图 1-3 所示。

图 1-1　Power BI 可连接的数据源类型

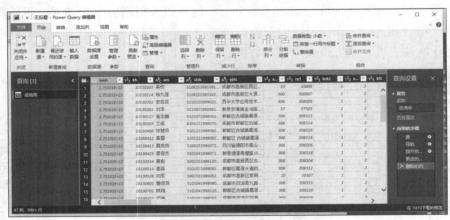

图 1-2　Power BI 的查询编辑器

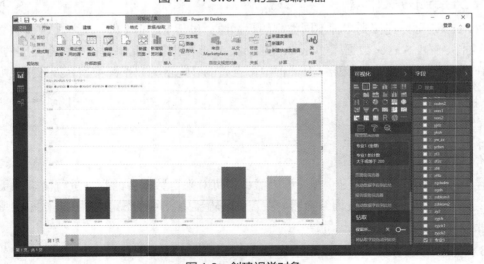

图 1-3　创建视觉对象

视觉对象也称可视化效果，"可视化"窗格列出了可用的各种视觉对象。单击视觉对象按钮可将其添加到报表中，然后从"字段"窗格中选择字段，即可快速创建视觉对象。

4. 创建报表

Power BI 将一个文件中的视觉对象集合称为"报表"。报表可以有一个或多个页面，类似一个 Excel 文件可包含一个或多个工作表。报表的文件扩展名为.pbix。

图 1-4 显示了 Power BI 提供的"零售分析示例"报表。该报表有 4 个页面。在图 1-4 所示的 New Stores 页面中，包含了 5 个视觉对象。

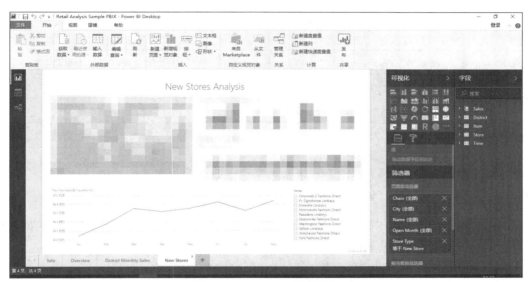

图 1-4　Power BI 中的报表

5. 使用 Power BI 服务共享报表

Power BI 支持用户共享报表。在 Power BI 的"开始"选项卡中，单击"发布"按钮，可将报表发布到 Power BI 服务。选择"发布"命令后，Power BI 要求使用 Power BI 服务账户登录。登录后即可将报表共享到个人工作区、团队工作区或 Power BI 服务中的一些其他位置上。

1.1.2　Power BI 家族

Microsoft 针对不同角色的用户提供了一系列 Power BI 软件或者服务。

1. Power BI Desktop

Power BI Desktop 为免费版，也称为 Power BI 桌面应用程序，主要用于建立数据模型和报表。个人分析数据、创建报表时，使用 Power BI Desktop 即可满足需求。

2. Power BI Pro

Power BI Pro 是一种线上的 Power BI 服务，相当于网络版的 Power BI Desktop，与 Power BI Desktop 的区别主要体现在共享和协作，表 1-1 列出了两者的主要区别。

表 1-1　Power BI Pro 与 Power BI Desktop 的主要区别

功能	Power BI Pro	Power BI Desktop
连接到 70 多个数据源	支持	支持
发布到 Web	支持	支持
对等共享	支持	不支持
导出到 PowerPoint、Excel 和 CSV	支持	支持
企业分发	支持	不支持
应用	支持	不支持
电子邮件订阅	支持	不支持
嵌入 API 和控件	支持	不支持
协作	支持	不支持
应用工作区	支持	不支持
在 Excel 中分析	支持	不支持

提示：Power BI 应用是报表和仪表板的集合，用于为组织展示关键指标。用户可以访问应用，与应用交互，但不能编辑应用。

Power BI Pro 不仅可供用户发布报表、共享仪表板，还可供用户在工作区内与同事协作完成下列任务。

● 编辑和保存自定义视觉对象。

● 创建个人仪表板。

● 分析 Excel 或 Power BI Desktop 中的数据。

● 通过 Excel Web 应用支持实现共享。

● 共享仪表板并与 Office 365 组协作。

● 与 Microsoft Teams 集成内容。

3. Power BI Premium

Power BI Premium 是基于容量的服务，其主要特点如下。

● 企业获得容量许可后，可灵活地在整个企业内发布报表，企业用户均可直接访问报表，而不需要向每个用户授予许可。Power BI Pro 是基于用户的服务，必须向每个用户授予许可。

● Power BI 服务的专用容量可扩大规模并提高性能。

● 可通过 Power BI 报表服务器在本地维护 BI 资产。

● 可通过 API 在自己的应用中嵌入 Power BI 报表，并将应用通过 Power BI Premium 进行部署。

提示：专门用于为企业提供 Power BI 体验（获取数据、查询、仪表板、报表等）的 Power 服务资源称为专有容量。Power BI Premium 白皮书对专有容量做了详尽的解释。

> 提示：Power BI Premium 只是一种服务，它需要用户使用 Power BI Pro 创建和发布报表、共享仪表板，以及在工作区完成协作。

4. Power BI Mobile

Power BI Mobile 是用于在 iOS、Android 和 Windows 10 等移动设备上访问 Power BI 报表和仪表板的软件。在 Power BI Desktop 中创建报表后，将其共享到 Power BI 服务，其他用户即可使用 Power BI Mobile 在移动设备上查看这些报表。

5. Power BI Embedded

Power BI Embedded 是一组 API，便于开发人员在自己的应用中嵌入 Power BI 报表和仪表板。

6. Power BI 报表服务器

Power BI 报表服务器是一个本地服务器，是在防火墙内部为组织或企业提供管理报表和 KPI 的 Web 门户，以及用于创建 Power BI 报表和 KPI 的工具。用户可通过 Web 浏览器、移动设备或电子邮件查看服务器中的报表和 KPI。

> 提示：关键绩效指标（Key Performance Indicator，KPI）可理解为一种特殊的报表，用于显示可量化目标的完成进度。在 Power BI 中可将视觉对象转换为 KPI。

7. Power BI 服务

Power BI 服务是软件即服务（SaaS），提供在线版的 Power BI（Power BI Desktop 是桌面版的 Power BI）。用户需登录到 Power BI 服务后，使用在线版 Power BI 创建报表和仪表板。

1.2 安装 Power BI Desktop

本书主要介绍如何在 Power BI Desktop 中创建报表和进行数据分析。本节详细介绍如何下载和安装 Power BI Desktop。

V1-2 下载和安装 Power BI Desktop

1.2.1 安装需求

Power BI Desktop 可用于 32 位（x86）和 64 位（x64）平台，最低的系统需求如下。

- 操作系统：支持 Windows 10、Windows 7、Windows 8、Windows 8.1、Windows Server 2008 R2、Windows Server 2012、Windows Server 2012 R2 等。
- 浏览器：Internet Explorer 10 或更高版本。
- 内存：至少 1GB。
- 显示器：建议分辨率至少为 1440×900 或 1600×900。
- CPU：建议 1GHz 或更快的 32 或 64 位处理器。

1.2.2 下载安装程序

在浏览器中打开 Power BI Desktop 中文主页，如图 1-5 所示。

图 1-5　Power BI Desktop 中文主页

　　在页面中单击"免费下载"链接，即可下载 Power BI Desktop 安装程序。下载页面可自动根据操作系统下载匹配的安装程序。如果想了解安装程序的相关信息，如安装程序详情、系统需求和安装说明等，可单击页面中的"高级下载选项"链接，进入 Microsoft 的中文下载中心的 Microsoft Power BI Desktop 下载页面，如图 1-6 所示。在页面中单击"下载"链接即可下载 Power BI Desktop 的安装程序。

图 1-6　Microsoft 的中文下载中心的 Microsoft Power BI Desktop 下载页面

1.2.3　安装 Power BI Desktop 的步骤

　　Power BI Desktop 的具体安装步骤如下。

　　（1）运行 Power BI Desktop 的安装程序，系统会先打开一个"打开文件-安全警告"对话框，如图 1-7 所示。

　　（2）单击"运行"按钮，启动安装程序。安装程序首先显示欢迎界面，如图 1-8 所示。

图 1-7 "打开文件-安全警告"对话框

图 1-8 安装程序欢迎界面

（3）单击"下一步"按钮，打开"Microsoft 软件许可条款"对话框，如图 1-9 所示。

（4）选中"我接受许可协议中的条款"选项。再单击"下一步"按钮，打开"目标文件夹"对话框，如图 1-10 所示。

图 1-9 接受软件许可条款

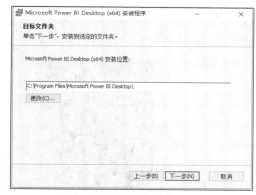

图 1-10 确定安装位置

（5）安装程序默认将 Power BI Desktop 安装到系统的 "C:\Program Files" 文件夹。可直接在对话框的输入框中输入其他安装路径，也可单击"更改"按钮打开对话框选择其他安装路径。然后，单击"下一步"按钮，打开"已准备好安装 Microsoft Power BI Desktop（x64）"对话框，如图 1-11 所示。

（6）对话框默认选中"创建桌面快捷键"选项，表示要在系统桌面创建 Power BI Desktop 快捷方式。若不需要，可取消选中。单击"安装"按钮，系统会打开"用户账户控制"对话框，如图 1-12 所示。

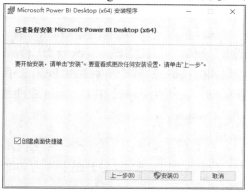

图 1-11 "已准备好安装 Microsoft Power BI Desktop（x64）"对话框

（7）单击"是"按钮，允许安装程序操作。安装完成后，安装程序会显示"Microsoft Power BI Desktop（x64）安装向导已完成"对话框，如图 1-13 所示。

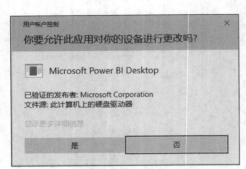

图 1-12　"用户账户控制"对话框

图 1-13　完成安装

（8）单击"完成"按钮，结束安装操作。

1.3　了解 Power BI Desktop 界面

1.3.1　开始屏幕

Power BI Desktop 启动后，会显示开始屏幕，如图 1-14 所示。

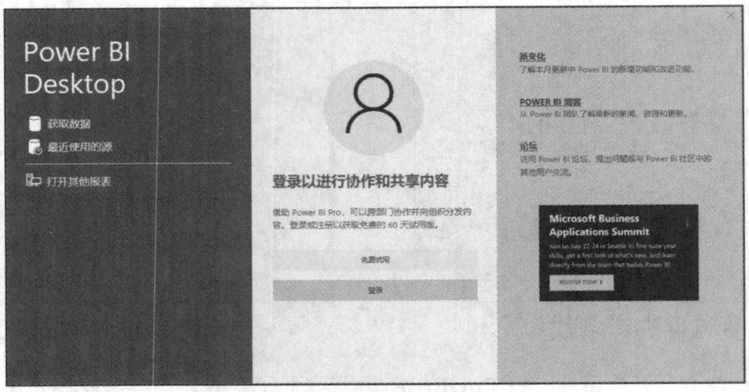

V1-3　了解
Power BI Desktop
界面

图 1-14　开始屏幕

在开始屏幕中可选择获取数据、查看最近使用的源或者打开现有的报表。单击"免费试用"按钮，可注册获取 Power BI Pro 试用权限（该功能对中国用户暂时无效，第 8 章将介绍如何注册免费的 Power BI Pro 试用账户）。单击"登录"按钮，可登录到 Power BI 服务账户，以便在 Power BI Desktop 中使用 Power BI 服务的有关功能。

1.3.2　主界面

关闭欢迎界面后，进入 Power BI Desktop 主界面，如图 1-15 所示。

Power BI Desktop 主界面主要由功能区、视图、侧边栏、"可视化"窗格和"字段"窗格等组成。

1．功能区

功能区包含了一个"文件"菜单、4 个选项卡（即开始、视图、建模和帮助），也可将选项卡称为工具栏。

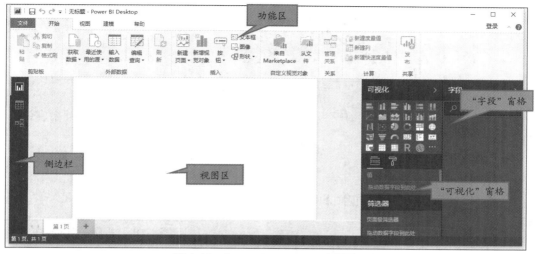

图 1-15　Power BI Desktop 主界面

● "文件"菜单

单击功能区左上角的"文件"按钮可打开"文件"菜单，如图 1-16 所示。

"文件"菜单中各个命令的作用如下。

新建：新建报表。

打开：打开已有的报表。

保存：保存正在编辑的报表。

另存为：将正在编辑的报表另存。

导入：导入 Excel 工作簿内容、Power BI 模板、来自文件的自定义视觉对象，以及来自 Marketplace 的自定义视觉对象。

导出：可选择将正在编辑的报表导出为 Power BI 模板。

发布：将正在编辑的报表发布到 Power BI 服务。

选项和设置：可在子菜单中选择管理 Power BI Desktop 的环境选项和数据源设置。

帮助：提供各种帮助资源，与功能区中的"帮助"选项卡类似。

图 1-16　"文件"菜单

开始使用：打开 Power BI Desktop 开始屏幕。

新变化：可打开浏览器访问 Power BI 博客，查看和下载 Power BI 的更新。

登录：打开登录对话框，登录到 Power BI 服务。

退出：关闭 Power BI Desktop。

● "开始"选项卡

"开始"选项卡如图 1-17 所示。

图 1-17 "开始"选项卡

"开始"选项卡主要提供剪贴板、外部数据、插入、自定义视觉对象、关系、计算和共享等相关的操作。

● "视图"选项卡

"视图"选项卡如图 1-18 所示。

"视图"选项卡主要提供视图和显示等相关的选项。

图 1-18 "视图"选项卡

● "建模"选项卡

"建模"选项卡如图 1-19 所示。

图 1-19 "建模"选项卡

"建模"选项卡主要提供关系、计算、模拟、排序、格式设置、属性、安全性和组等相关的操作。

● "帮助"选项卡

"帮助"选项卡如图 1-20 所示。

图 1-20 "帮助"选项卡

"帮助"选项卡主要提供帮助、社区和资源等各种在线辅助学习资源。

2. 视图

Power BI Desktop 有 3 种视图：报表视图、数据视图和关系视图。主界面侧边栏中的"报表""数据""关系"按钮用于切换视图。

● 报表视图

报表视图用于查看和设计报表。图 1-21 显示的是在报表视图下打开的一个报表。

在"可视化"窗格中可选择要创建的视觉对象和设置相关选项，在"字段"窗格中可选择要在视觉对象中显示的字段。若先在报表视图中单击选中某个视觉对象，再在"可视化"窗格中选择视觉对象，则可更改报表视图中视觉对象的类型。

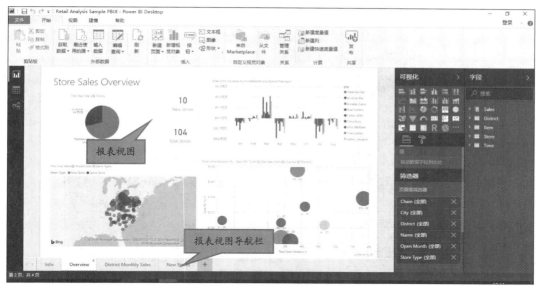

图 1-21　打开报表后的报表视图

新建报表默认只有一个页面。单击报表视图底部导航栏中的"+"（新建页）按钮，可添加新的报表页。报表视图底部的导航栏会显示每个报表页的标题。鼠标指针指向报表页标题时，报表页标题右上角会显示"×"（删除页）按钮，单击可删除报表页。

● 数据视图

数据视图可查看数据模型中的数据，如图 1-22 所示。在数据视图中，可执行更改列的数据类型、对列排序、修改列名等相关操作。

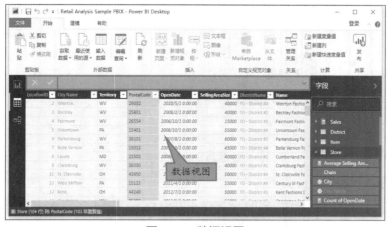

图 1-22　数据视图

● 关系视图

关系视图用于管理数据模型中表之间的关系，如图 1-23 所示。

关系视图显示了每个表的字段列表。列表之间的连线表示关系，双击关系连线，可打开"编辑关系"对话框，如图 1-24 所示。深色背景的列为关系的关联字段。在关系视图中单击关系连线可选中关系，再按【Delete】键可删除关系。

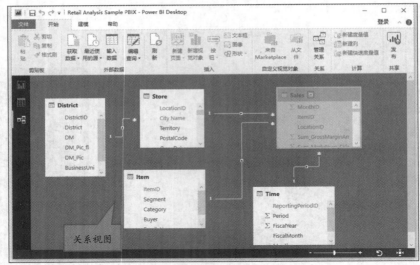

图 1-23　关系视图

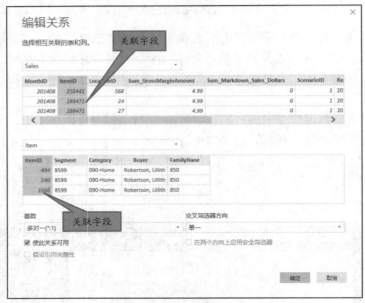

图 1-24　编辑关系

3. "可视化"窗格

"可视化"窗格如图 1-25 所示。"可视化"窗格上部列出了可在报表中创建的各种常用视觉对象。单击 按钮可选择从文件或 Marketplace 中导入自定义视觉对象，或者是删除自定义视觉对象。单击视觉对象按钮，即可将对应的视觉对象添加到报表中。

"可视化"窗格下部可设置视觉对象使用的字段及相关选项。例如，创建堆积条形图时可设置用于轴和值的字段及筛选器等。

4. "字段"窗格

"字段"窗格如图 1-26 所示。

图 1-25　"可视化"窗格

图 1-26　"字段"窗格

"字段"窗格列出了当前报表已获取的数据表及表中的字段。选中字段名前面的复选框可将字段添加到视觉对象中，反之则是从视觉对象中删除字段。字段名前面的Σ符号表示字段可执行聚类分析（计数、求和、求平均值等）。

1.4　使用 Power BI 文档

Microsoft 在 https://docs.microsoft.com/zh-cn/power-bi/中提供了丰富的文档，可帮助用户学习使用 Power BI，如图 1-27 所示。

V1-4　使用
Power BI 文档

图 1-27　Power BI 在线文档

页面中提供了面向报表使用者的 Power BI、面向报表设计人员的 Power BI、面向管理人员的 Power BI、面向开发人员的 Power BI、Power BI 博客和指导式学习 6 大主题文档，单击主题链接可进入帮助文档页面。

1.4.1　查看 Power BI Desktop 文档

在 Power BI 文档首页中单击"面向报表设计人员的 Power BI"链接，打开 Power BI Desktop 文档页面，如图 1-28 所示。

图 1-28　Power BI Desktop 文档首页

左侧的目录按概述、快速入门、教程、示例、概念、操作方法、参考、资源等对文档进行了分类。展开目录，单击标题即可在页面中显示相应的文档内容。

1.4.2　使用 Power BI 示例

初学者要找到合适的数据来学习 Power BI 是比较困难的事情。Microsoft 贴心地为用户准备了丰富的示例。

在文档目录中展开"示例"，即可查看示例，如图 1-29 所示。

图 1-29　查看 Power BI 示例

Power BI 示例有 3 种使用方式：内容包 Power BI 示例、Excel 文件 Power BI 示例和.pbix 文件 Power BI 示例。

1．内容包 Power BI 示例

内容包 Power BI 示例是用户创建的可在 Power BI 服务中使用的，包含一个或多个仪表板、数据集和报表的捆绑包。

2．Excel 文件 Power BI 示例

Excel 文件 Power BI 示例包含了数据表和 Power View 图表等内容。在 Power BI Desktop 中选择 "文件\导入\Excel 工作簿内容" 命令，可导入示例的 Excel 工作簿。导入时，Power BI Desktop 不会直接使用示例 Excel 工作簿，而会在新的 Power BI Desktop 文件中完成导入。Power BI Desktop 会将导入的内容按查询、数据模型表、KPI、度量值及 Power View 工作表等进行分类。

3．.pbix 文件 Power BI 示例

.pbix 文件 Power BI 示例包含了数据集和报表，可在 Power BI Desktop 中直接打开。

在 Power BI Desktop 中，可下载 Excel 文件 Power BI 示例和.pbix 文件 Power BI 示例。读者可先打开.pbix 文件 Power BI 示例查看示例中的数据模型和报表，然后使用 Excel 工作簿数据参照示例从头创建类似的报表。

1.5 实战：使用客户盈利率示例

本节将介绍如何下载 Power BI Desktop 的客户盈利率示例，查看该示例中的数据和报表。

具体操作步骤如下。

（1）在浏览器中打开 Power BI 文档首页。

（2）单击页面中的 "Power BI Desktop" 链接，进入 Power BI Desktop 文档首页。

V1-5　实战：使用客户盈利率示例

（3）在文档目录中展开 "示例"，然后单击 "客户盈利率示例：导览" 链接，显示 "Power BI 的客户盈利率示例：教程"，如图 1-30 所示。

图 1-30　查看 "Power BI 的客户盈利率示例：教程"

（4）滚动页面到 "获取.pbix 文件形式的此示例" 小节，如图 1-31 所示。

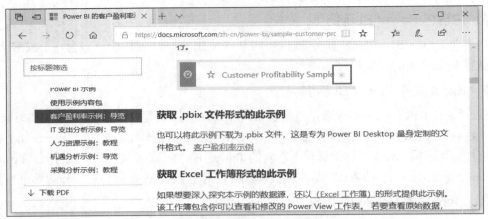

图 1-31　查看"获取.pbix 文件形式的此示例"

（5）单击"客户盈利率示例"链接，下载客户盈利率示例的.pbix 文件。

（6）下载完成后，双击.pbix 文件在 Power BI Desktop 中打开示例，如图 1-32 所示。

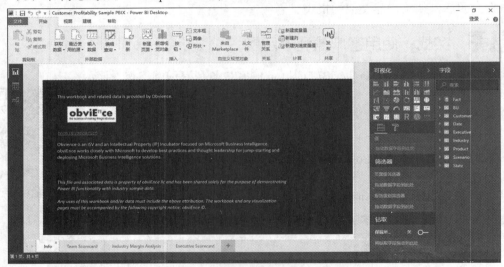

图 1-32　在 Power BI Desktop 中打开"客户盈利率示例"

（7）"客户盈利率示例"中的报表包含 Info、Team Scorecard、Industry Margin Analysis 和 Executive Scorecard 4 个页面。单击报表视图下方导航栏中的标题即可打开相应报表页。

（8）按照在线文档中"客户盈利率示例：导览"页面中的教程，查看"客户盈利率示例"中的各个报表。

提示：示例教程中包含了"仪表板"。仪表板是一个画布，可包含多个磁贴。视觉对象和问答可作为磁贴固定到仪表板上，也可将整个报表页作为单个磁贴固定到仪表板上。仪表板类似于导航面板，单击磁贴即可打开报表。

提示：仪表板是 Power BI 服务的一项功能，在 Power BI Desktop 中不可用。在移动设备上不能创建仪表板，但可以查看和共享仪表板。

1.6　小结

本章主要介绍了 Power BI 功能、Power BI 家族、下载和安装 Power BI Desktop、Power BI Desktop 界面及 Power BI 文档等内容。掌握如何安装 Power BI Desktop 和使用 Power BI 示例，是学习本书后继内容的重要基础。

1.7　习题

V1-6　习题 1-5

1. Power BI 主要具备哪些功能？
2. Power BI 家族包含哪些成员？
3. Power BI 服务和 Power BI 报表服务器有何区别？
4. Power BI 示例有哪几种使用方式？
5. 下载 Power BI 的零售分析示例的 Excel 工作簿，然后在 Power BI Desktop 中将其导入。

第 ❷ 章 获取数据

重点知识：

- 了解数据连接模式
- 掌握连接到文件的方法
- 掌握连接到数据库的方法
- 掌握连接 Web 数据的方法

数据是数据分析的基础，所以 Power BI Desktop 创建报表的第一步就是获取数据。Power BI Desktop 获取数据的过程就是连接到数据源、建立数据模型、根据分析的需要准备数据。Power BI 可从多种不同类型的数据源获取数据。本章将详细介绍如何在 Power BI Desktop 中从各种数据源获取数据。

2.1　数据连接概要

本节主要介绍 Power BI 可连接的数据源类型和连接模式。

2.1.1　数据源类型

Power BI 可连接多种不同类型的数据源，具体如下。

- 文件：Excel、文本/CSV、XML、JSON 等类型的文件。
- 数据库：SQL Server、SQL Server 分析服务、Access、Oracle、MySQL 等数据库。
- 联机服务：Salesforce、Dynamics 365、Microsoft Exchange 在线等联机服务。
- Azure：Azure SQL 数据库、Azure SQL 数据仓库、Azure 分析服务数据库、Azure Blob 存储等。
- 其他数据源：Web 页面、Microsoft Exchange、ODBC、OLE DB、Hadoop 文件等。

另外，使用自定义的连接器还可连接特殊的数据源。所以，理论上没有 Power BI 不能连接的数据源。

2.1.2　连接模式

在 Power BI Desktop 中"获取数据"时，有 3 种数据源连接模式：导入、实时连接和 DirectQuery。

1．导入

导入连接模式具有以下特点。

- 建立数据连接时，为数据源中的每个表创建一个查询。可在查询编辑器中修改查询。编辑查询也可称为建立数据模型。

- 加载数据时，查询返回的所有数据都将导入 Power BI 中缓存起来。
- 创建视觉对象时会查询导入的数据，"字段"窗格会列出已导入的所有表和字段。导入的数据在 Power BI 中缓存，所以在用户与视觉对象交互时，可以快速反应视觉对象的所有更改。
- 视觉对象不能反映数据源中基础数据发生的变化，除非通过"刷新"重新导入数据。
- 将报表发布到 Power BI 服务时，会同时创建一个数据集并上传，数据集包含报表中导入的数据。
- 在 Power BI 服务中打开现有报表或创作新报表时，会再次执行查询，导入数据源的数据。
- "刷新"数据源后，仪表板中的磁贴会自动刷新。

2. 实时连接

实时连接连接模式不导入数据，报表直接查询数据源的基础数据，不对数据进行缓存。在实时连接连接模式下，不能定义数据模型，即无法定义新的计算列、层次结构、关系等。实时连接的好处就是，视觉对象能够实时反映数据源中基础数据的变化。

实时连接连接模式适用于 SQL Server Analysis Services (SSAS)、Power BI 数据集和 Common Data Services 等数据源。

3. DirectQuery

DirectQuery 连接模式与实时连接连接模式有类似之处，即不导入任何数据，始终对基础数据源进行查询以更新视觉对象。

DirectQuery 连接模式具有以下特点。

- 建立数据连接时，根据数据源类型执行不同操作。对关系数据源，为每个表建立一个查询。对多维数据源（如 SAP BW），则只选择数据源。
- 加载数据时，不会导入数据进行缓存。创建视觉对象时，会向数据源发送查询，检索所需数据。
- 视觉对象不能及时反映数据源中基础数据发生的变化，除非进行"刷新"。DirectQuery 连接模式下，"刷新"意味着向数据源重新发送查询检索数据。
- 将报表发布到 Power BI 服务时，会同时创建一个空的数据集并上传。
- 在 Power BI 服务中打开现有报表或创作新报表时，会向数据源发送查询检索数据。
- 仪表板中的磁贴会按计划自动"刷新"，以便快速打开仪表板。打开仪表板时，磁贴反映的是上一次"刷新"时数据源基础数据的变化，不一定是最新变化。要保证磁贴反映数据源基础数据的最新变化，可反复"刷新"仪表板。

DirectQuery 连接模式适用的数据源包括 Amazon Redshift、Azure SQL 数据库、Azure SQL 数据仓库、Impala（版本 2.x）、Oracle 数据库（版本 12 及更高版本）、SAP HANA、Snowflake、SQL Server、Teradata 数据库等。

2.2 连接文件

文件属于最简单的数据源，通常采用导入连接模式。

在 Power BI Desktop 的 "开始" 选项卡中单击 "获取数据" 按钮，打开 "获取数据" 对话框。在 "获取数据" 对话框的 "文件" 类别中列出了 Power BI Desktop 可连接的全部文件数据源，如图 2-1 所示。

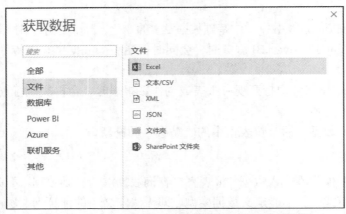

图 2-1　Power BI Desktop 可连接的全部文件数据源

2.2.1　连接 Excel 文件

Excel 几乎可以看作是 Power BI 的前身，也是处理数据、进行图表分析的办公软件之一。Power BI 可连接的 Excel 文件包括.xl、.xls、.xlsx、.xlsm、.xlsb 和.xlw 等。

实例 2-1　连接 Power BI 财务示例工作簿

实例资源文件：本书资源\chapter02\财务示例.xlsx

具体操作步骤如下。

（1）在 Power BI Desktop 的 "开始" 选项卡中单击 "获取数据" 按钮，打开 "获取数据" 对话框。

（2）在 "全部" 或 "文件" 类型列表中单击选中 "Excel" 选项，然后单击 "连接" 按钮，打开 "打开" 对话框，如图 2-2 所示。

V2-1　连接 Power BI 财务示例工作簿

图 2-2　在 "打开" 对话框中选择文件

（3）在 "打开" 对话框中选中从 Power BI Desktop 在线文档示例中下载的 "财务示例" 工作簿，然后单击 "打开" 按钮，打开 "导航器" 对话框，如图 2-3 所示。

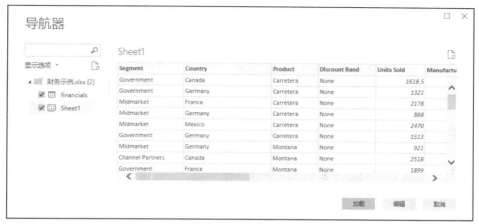

图 2-3 在"导航器"对话框中选择数据源表

（4）"导航器"对话框左侧列出了财务示例工作簿包含的工作表，即 financials 和 Sheet1。每个表名前有一个复选框，选中表示将其导入 Power BI Desktop。单击表名称，可在对话框右侧预览表中的数据。单击对话框右下角的"编辑"按钮，可打开查询编辑器编辑导入数据的查询。选中 financials 和 Sheet1 表，单击对话框右下角的"加载"按钮，Power BI Desktop 执行数据导入操作。

导入的数据可在数据视图中查看，如图 2-4 所示。

图 2-4 在数据视图中查看从财务示例工作簿导入的数据

在"字段"窗格列表中显示了导入的全部表，单击表名称可在视图中显示该表的数据。若不需要某个表，可右键单击"字段"窗格中的表名称，然后在快捷菜单中选择"删除"命令将其删除。

数据视图显示的是刚加载或上一次刷新后的数据，不能自动反映数据源中基础数据的变化。可右键单击数据视图的任意位置，然后在快捷菜单中选择"刷新数据"命令，执行导入操作，获取数据源的最新数据。

2.2.2　连接文本/CSV 文件

文本/CSV 文件通常使用固定的分隔符（如逗号、分号、制表符等）分隔数据。文件中每一行可作为一条记录，每条记录包含相同数量的数据项（数量也可不同）。

实例 2-2　连接期末成绩 CSV 文件

实例资源文件：本书资源\chapter02\期末成绩.csv

具体操作步骤如下。

（1）在 Power BI Desktop 的"开始"选项卡中单击"获取数据"下拉按钮，打开"最常见的"下拉列表，如图 2-5 所示。

V2-2　连接期末成绩 CSV 文件

（2）在"最常见的"下拉列表中单击"文本/CSV"命令，打开"打开"对话框，如图 2-6 所示。

图 2-5　"最常见的"下拉列表

图 2-6　"打开"对话框

（3）在"打开"对话框中选中"期末成绩"CSV 文件，然后单击"打开"按钮，打开 CSV 文件导入对话框，如图 2-7 所示。

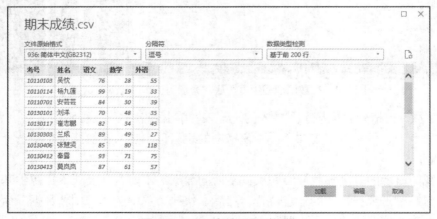

图 2-7　CSV 文件导入对话框

CSV 文件导入工具可自动检测文件编码格式、分隔符和数据类型。如果导入工具未能正确选择文件编码格式，就会在导入数据中出现乱码，可在对话框的"文件原始格式"下拉列表中更改文件编码格式。在对话框的"分隔符"下拉列表中可选择导入文件时使用的分隔符。Power BI 支持多种分隔符，包括冒号、逗号、等号、分号、空格、制表符、自定义分隔符和固定宽度等。

CSV 文件导入工具默认根据前 200 行数据检测字段的数据类型。在对话框的"数据类型检测"下拉列表中可选择"基于前 200 行"或"基于整个数据集"选项来检测数据类型。也可在"数据类型检测"下拉列表中选择"不检测数据类型"，此时导入工具将所有数据项作为文本导入。

在对话框中单击"编辑"按钮可打开查询编辑器，以便定义查询来完成导入。

（4）在导入对话框中单击"加载"按钮，Power BI Desktop 执行数据导入操作。

在数据视图中查看导入的期末成绩 CSV 文件数据，如图 2-8 所示。

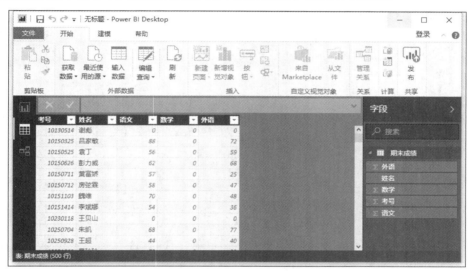

图 2-8　导入的期末成绩 CSV 文件数据

2.2.3　连接 XML 文件

可扩展标记语言（Extensible Markup Language，XML）是一种文本文件，采用自定义的标记来组织数据。

在下面的 XML 文件中，保存了期末成绩和半期成绩数据。

```
<?xml version="1.0" encoding="UTF-8"?>
<成绩库>
  <期末成绩>
   <考号>10110103</考号>
   <姓名>吴忱</姓名>
   <语文>76</语文>
   <数学>28</数学>
   <外语>55</外语>
```

```
      </期末成绩>
      <期末成绩>
        <考号>10110114</考号>
        <姓名>杨九莲</姓名>
        <语文>99</语文>
        <数学>19</数学>
        <外语>33</外语>
      </期末成绩>
      <期末成绩>
        <考号>10110701</考号>
        <姓名>安芸芸</姓名>
        <语文>84</语文>
        <数学>30</数学>
        <外语>39</外语>
      </期末成绩>
      <半期成绩>
        <考号>10110103</考号>
        <姓名>吴忱</姓名>
        <语文>70</语文>
        <数学>48</数学>
        <外语>35</外语>
      </半期成绩>
      <半期成绩>
        <考号>10110114</考号>
        <姓名>杨九莲</姓名>
        <语文>82</语文>
        <数学>34</数学>
        <外语>45</外语>
      </半期成绩>
      <半期成绩>
        <考号>10110701</考号>
        <姓名>安芸芸</姓名>
        <语文>89</语文>
        <数学>49</数学>
        <外语>27</外语>
      </半期成绩>
  </成绩库>
```

在该文件中，包含了 3 个同学的期末成绩和半期成绩。导入到 Power BI 中时，"期末成绩""半期成绩"标记会分别转换成一个表，每个标记包含的数据将作为一条记录，子元素"考号""姓名""语文""数学""外语"等将作为字段。

实例 2-3　导入成绩 XML 文件

实例资源文件：本书资源\chapter02\成绩库.xml

具体操作步骤如下。

（1）在 Power BI Desktop 的"开始"选项卡中单击"获取数据"按钮，打开"获取数据"对话框。

（2）在"文件"类型列表中双击"XML"选项，打开"打开"对话框。

（3）在"打开"对话框中选中期末成绩 XML 文件，再单击"打开"按钮，打开 XML 文件的"导航器"对话框，如图 2-9 所示。

V2-3　实例 2-3
导入成绩 XML
文件

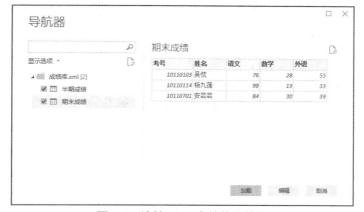

图 2-9　连接 XML 文件的导航器

（4）"导航器"对话框的左侧列出了可从 XML 文件中导入的数据表，单击表名可在右侧预览数据。选中表名称前的复选框，再单击"加载"按钮，Power BI Desktop 将执行数据导入操作。

2.2.4　连接 JSON 文件

JSON 文件通常包含一个 JSON 字符串，如下。

```
[
  { 考号:"10110103", 姓名:"吴忱",语文:76,数学:28, 外语:55 },
  { 考号:"010110114",姓名:"杨九莲",语文:99,数学:19,外语:33 },
  { 考号:"010110701",姓名:"安芸芸",语文:84,数学:30,外语:39 },
  { 考号:"010130101",姓名:"刘洋",语文:70,数学:48,外语:35 },
]
```

这是一个 JSON 数组，其中的换行是为了方便阅读，不是必需的。下面的实例将说明如何在 Power BI Desktop 中导入这个 JSON 文件。

实例 2-4　连接期末成绩 JSON 文件

实例资源文件：本书资源\chapter02\期末成绩.json

具体操作步骤如下。

（1）在 Power BI Desktop 的"开始"选项卡中单击"获取数据"按

V2-4　连接期末
成绩 JSON 文件

钮，打开"获取数据"对话框。

（2）在"文件"类型列表中双击"JSON"选项，打开"打开"对话框。

（3）在"打开"对话框中选中期末成绩 JSON 文件，再单击"打开"按钮，打开查询编辑器，如图 2-10 所示。

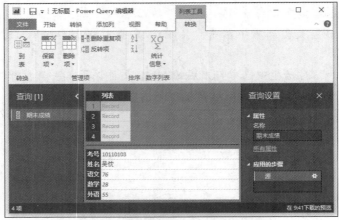

图 2-10　查询编辑器中的 JSON 记录

（4）查询编辑器的"列表"窗格列出了 JSON 字符串包含的所有记录，单击序号可在列表下方显示记录数据。单击"列表"窗格每行中的"Record"，导航到记录数据视图，如图 2-11 所示。

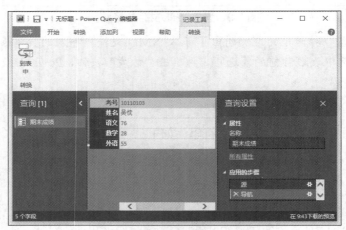

图 2-11　导航到记录数据视图

（5）单击"开始"选项卡中的"到表中"按钮，将记录转换为数据表，如图 2-12 所示。

> 注意：在查询编辑器右下角的"应用的步骤"列表中，包含了完成数据导入的 3 个步骤：源、导航和转换为表。如果需要转换其他记录，可单击"源"步骤，返回 JSON 记录列表，重新选择记录，然后执行前面步骤中的第（4）和第（5）步。

（6）将记录转换为表后，单击"开始"选项卡中的"关闭并应用"按钮，执行查询并完成数据导入。

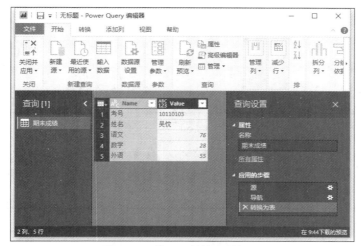

图 2-12　将记录转换为数据表

在数据视图中查看导入的 JSON 数组中的记录数据，如图 2-13 所示。

图 2-13　导入的 JSON 数组中的记录数据

可以看到，当 JSON 字符串为数组时，一次只能导入数组中的一条记录。

2.2.5　连接文件夹

文件夹可作为一种特殊的数据源，Power BI Desktop 可将文件夹中所有文件的文件名、创建日期、访问日期、文件内容等相关信息作为记录导入数据表。

实例 2-5　连接文件夹

具体操作步骤如下。

（1）在 Power BI Desktop 的"开始"选项卡中单击"获取数据"按钮，打开"获取数据"对话框。

（2）在"文件"类型列表中双击"文件夹"选项，打开"文件夹"对话框，如图 2-14 所示。

V2-5　连接文件夹

27

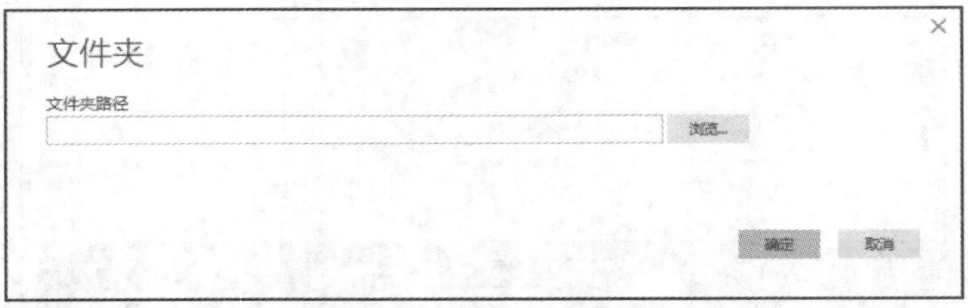

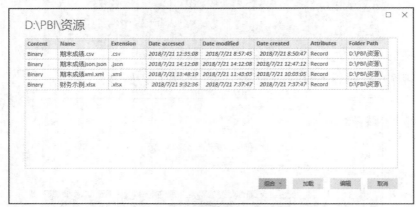

图 2-14 "文件夹"对话框

（3）在对话框中输入要连接的文件夹路径，或者单击"浏览"按钮打开对话框选择文件夹。确定了要连接的文件夹后，单击"确定"按钮，打开文件夹数据预览对话框，如图 2-15 所示。

图 2-15 文件夹数据预览对话框

单击文件夹数据预览对话框右下角的"组合"按钮，可在其菜单中选择"合并和编辑"或"合并和加载"操作，进一步选择导入文件夹中文件内部的数据。单击"加载"按钮可导入文件夹中文件的相关信息。

（4）单击"加载"按钮，导入文件相关信息。

在数据视图中查看导入的文件夹数据，如图 2-16 所示。

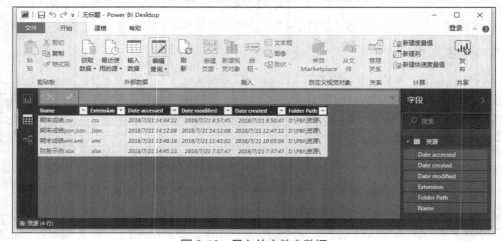

图 2-16 导入的文件夹数据

2.3 连接数据库

Power BI Desktop 可连接多种类型的数据库，本节主要介绍如何连接 SQL Server 和 MySQL 数据库。在"获取数据"对话框的"数据库"类型列表中列出了 Power BI Desktop 可连接的数据库，如图 2-17 所示。

图 2-17　Power BI Desktop 可连接的数据库

2.3.1 连接 SQL Server 数据库

本节将通过具体实例说明如何在 Power BI Desktop 中连接 SQL Server 数据库。

实例 2-6　连接 SQL Server 中的"录取数据"数据库。

实例资源文件：本书资源\chapter02\录取数据.bak

V2-6　连接 SQL Server 中的"录取数据"数据库

- -

　　提示：本节实例资源文件"录取数据.bak"是 SQL Server 数据库的备份文件。用该文件在 SQL Server 服务器中执行数据库还原操作还原数据库后，即可参照实例在 Power BI Desktop 中完成连接 SQL Server 数据库的操作。

- -

　　具体操作步骤如下。

　　（1）在 Power BI Desktop 的"开始"选项卡中单击"获取数据"按钮，打开"获取数据"对话框。

　　（2）在"数据库"类型列表中双击"SQL Server 数据库"选项，打开连接工具的设置服务器选项对话框，如图 2-18 所示。

　　在"服务器"输入框中输入 SQL Server 数据库服务器名称，本地服务器名称可用"(local)"代替。在"数据库"输入框中可输入要连接的 SQL Server 数据库的名称。数据连接模式默认为"导入"，也可选择"DirectQuery"。如果需要设置其他选项，可单击"高级选项"按钮。

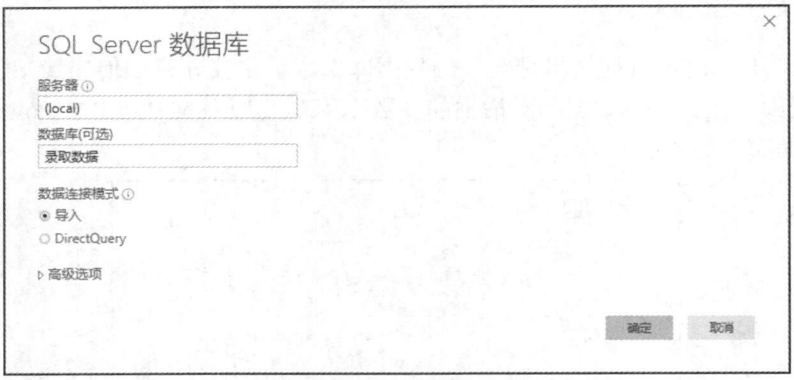

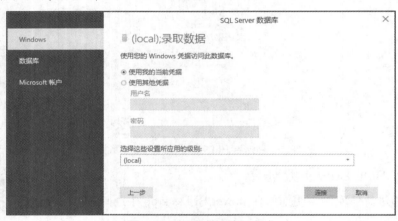

图 2-18　设置 SQL Server 服务器选项

（3）设置了服务器名称、数据库名称等选项后，单击"确定"按钮，打开设置身份验证方式对话框，如图 2-19 所示。

图 2-19　设置身份验证方式

可使用 Windows 账户、SQL Server 数据库账户或者 Microsoft 账户连接到 SQL Server 服务器。本地数据库最好选择 Windows 账户的当前凭据，即用当前用户的账户完成连接身份验证的操作。

（4）设置好身份验证信息后，单击"连接"按钮，执行连接操作。默认情况下，Power BI Desktop 使用加密方式连接数据源（避免账户泄密）。如果当前 SQL Server 服务器不支持加密连接，则会显示图 2-20 所示的对话框。

（5）本例中因为 SQL Server 服务器不支持加密连接，所以单击"确定"按钮，采用不加密方式进行连接。Power BI Desktop 正确连

图 2-20　不支持加密连接提示

接到 SQL Server 服务器后，会打开"导航器"对话框，如图 2-21 所示。

（6）在"导航器"对话框的左侧列表中选中要导入的数据表，然后单击"加载"按钮，Power BI Desktop 会完成连接操作。

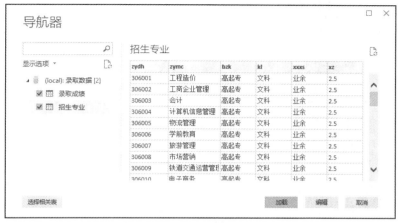

图 2-21　导航器

2.3.2　连接 MySQL 数据库

本节将通过具体实例说明如何在 Power BI Desktop 中连接 MySQL 数据库。

实例 2-7　连接 MySQL 中的"招生 2017"数据库

实例资源文件：本书资源\chapter02\招生 2017.sql

V2-7　连接 MySQL 中的"招生 2017"数据库

提示：本节实例资源文件"招生 2017.sql"是 MySQL 数据库的导出文件。用该文件在 MySQL 数据库中执行数据导入操作将数据导入新数据库或原有数据库后，即可参照实例在 Power BI Desktop 中完成连接 MySQL 数据库的操作。

具体操作步骤如下。

（1）在 Power BI Desktop 的"开始"选项卡中单击"获取数据"按钮，打开"获取数据"对话框。

（2）在"数据库"类型列表中双击"MySQL 数据库"选项，打开连接工具的设置服务器选项对话框，如图 2-22 所示。

图 2-22　设置 MySQL 服务器选项

（3）输入 MySQL 本地服务器名称"localhost"，输入数据库名称"招生 2017"，单击"确定"按钮，打开设置身份验证方式对话框。MySQL 服务器通常不支持 Windows 身份验证，所以选择"数据库"方式，如图 2-23 所示。

图 2-23　设置 MySQL 服务器的身份验证方式

（4）输入用户名和密码后，单击"连接"按钮，执行连接操作。在 MySQL 服务器不支持加密连接时，会显示图 2-24 所示的对话框。在支持加密连接时，不会显示提示。

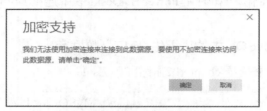

图 2-24　不支持加密连接提示

（5）单击"确定"按钮，采用不加密方式进行连接。Power BI Desktop 正确连接到 MySQL 服务器后，会打开"导航器"对话框，如图 2-25 所示。

图 2-25　"导航器"对话框

（6）在"导航器"对话框的左侧列表中选中要导入的数据表，然后单击"加载"按钮，Power BI Desktop 完成连接操作。

Power BI Desktop 只能采用导入连接模式连接 MySQL 数据库。可在数据视图中查看导入的数据，如图 2-26 所示。

图 2-26　导入的 MySQL 数据库数据

2.3.3　连接 SQL Server 分析服务数据库

本节将通过具体实例说明如何在 Power BI Desktop 中连接 SQL Server 分析服务数据库。

实例 2-8　连接 SQL Server 分析服务数据库

实例资源文件：本书资源\chapter02\MySQLAnalysis.abf

V2-8　连接 SQL Server 分析服务数据库

提示：本节实例资源文件"MySQLAnalysis.abf"是 SQL Server 分析服务数据库备份文件。用该文件在 SQL Server 分析服务器中执行数据库还原操作还原数据库后，即可参照实例在 Power BI Desktop 中完成连接 SQL Server 分析服务数据库的操作。

具体操作步骤如下。

（1）在 Power BI Desktop 的"开始"选项卡中单击"获取数据"按钮，打开"获取数据"对话框。

（2）在"数据库"类型列表中双击"SQL Server Analysis Services 数据库"选项，打开连接工具的设置服务器选项对话框，如图 2-27 所示。

图 2-27　设置 SQL Server Analysis Services 服务器选项

（3）在"服务器"输入框中输入 SQL Server Analysis Services 服务器名称。SQL Server

分析服务数据库默认连接模式为"实时连接"，如果需要使用导入连接模式，可选中"导入"选项。然后，单击"确定"按钮，打开"导航器"对话框，如图 2-28 所示。

图 2-28　连接 SQL Server 数据库的导航器

（4）单击"确定"按钮，Power BI Desktop 完成连接操作。

采用实时连接模式时，Power BI Desktop 在"字段"窗格中可查看连接的表和字段，数据视图和关系视图均不可用。

2.4　连接 Web 数据

Web 数据用 URL 来确定位置。Web 数据可以是数据文件，如共享的 Excel 文件，也可以是静态或动态的网页，如 HTML 文件或 ASP 文件等。

2.4.1　连接 Web 共享的数据文件

通常，在浏览器中单击下载链接可下载共享的数据文件，链接地址就是数据文件的 URL。

Power BI Desktop 可将数据文件 URL 作为数据源来获取其中的数据。

实例 2-9　连接 Power BI 在线文档中共享的财务示例工作簿

具体操作步骤如下。

（1）在 Power BI Desktop 的"开始"选项卡中单击"获取数据"按钮，打开"获取数据"对话框。

（2）在"其他"类型列表中双击"Web"选项，打开"从 Web"对话框，如图 2-29 所示。

V2-9　连接 Power BI 在线文档中共享的财务示例工作簿

图 2-29　确定 Web 数据的文件地址

（3）在 URL 输入框中输入财务示例工作簿的 URL，单击"确定"按钮，打开"导航器"对话框，如图 2-30 所示。

图 2-30　连接 Web 共享数据文件的导航器

（4）在"导航器"对话框的左侧列表中选中要导入的数据表，然后单击"加载"按钮执行数据导入操作。

2.4.2　获取网页中的数据

无论是静态网页，还是动态网页，Power BI Desktop 均可从网页中识别表格，然后将其导入。图 2-31 显示了一个用 ASP 文件输出的网页，网页中包含了两个表格。

图 2-31　网页中的表格

实例 2-10　获取 ASP 文件输出的网页中的数据

实例资源文件：本书资源\chapter02\gettable.asp

提示：读者可以在本地计算机中启用 IIS 服务器及 IIS 中的 ASP 支持，然后将 gettable.asp 文件复制到 IIS 默认的 Web 站点发布目录（默认为 C:\inetpub\wwwroot），即可使用 http://localhost/gettable.asp 作为 URL 完成本示例。

具体操作步骤如下。

（1）在 Power BI Desktop 的"开始"选项卡中单击"获取数据"按钮，打开"获取数据"对话框。

（2）在"其他"类型列表中双击"Web"选项，打开"从 Web"对话框。

V2-10　获取 ASP 文件输出的网页中的数据

（3）输入 ASP 文件 URL "http://localhost/gettable.asp"，然后单击"确定"按钮，打开"导航器"对话框，如图 2-32 所示。

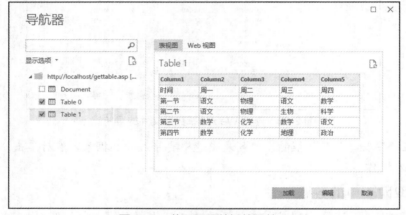

图 2-32　获取网页数据的导航器

（4）在"导航器"对话框左侧列表中选中要导入的数据表，然后单击"加载"按钮执行数据导入操作。

2.5　实战：连接 Access 数据库

本节综合应用本章所学的知识，从 Access 数据库中导入数据。图 2-33 显示了在 Access 中打开的"录取 2017"数据库。

"录取 2017"数据库包含了两个表：录取成绩和招生专业，本节将在 Power BI Desktop 中导入这两个表。

V2-11　实战：连接 Access 数据库

实例资源文件：本书资源\chapter02\录取 2017.accdb

具体操作步骤如下。

（1）在 Power BI Desktop 的"开始"选项卡中单击"获取数据"按钮，打开"获取数据"对话框。

（2）在"数据库"类型列表中双击"Access 数据库"选项，打开"打开"对话框。

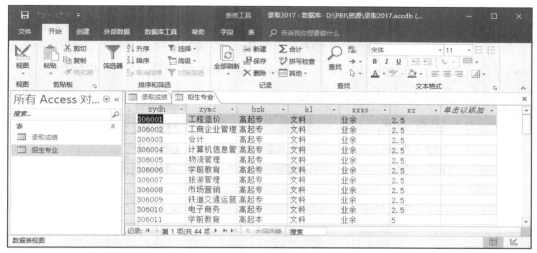

图 2-33　"录取 2017"数据库

（3）在"打开"对话框中找到 Access 数据库文件，双击文件，打开"导航器"对话框。

（4）在"导航器"对话框左侧列表中选中要导入的数据表，然后单击"加载"按钮执行数据导入操作。

提示：如果 Power BI Desktop 提示不能导入，需要安装 Microsoft Access 2010 数据库引擎，可到 https://www.microsoft.com/zh-CN/download/details.aspx?id=13255 下载引擎的安装程序。下载时注意区别 32 位和 64 位安装文件，安装文件必须与操作系统匹配，否则即使安装了也不能在 Power BI Desktop 中导入 Access 数据库。

2.6　小结

本章主要介绍了 Power BI Desktop 可从哪些数据源获取数据、数据源的连接模式，并通过实例讲解了如何连接 Excel 文件、文本/CSV 文件、XML 文件、JSON 文件、文件夹、SQL Server 数据库、MySQL 数据库、Web 共享的数据文件，以及如何获取网页中的数据。

数据源连接模式包括导入、实时连接和 DirectQuery。导入连接模式适用于所有数据源，实时连接连接模式和 DirectQuery 连接模式则有适用的数据源。通过本章实例也可看出，在连接数据源时，连接程序可根据数据源类型提供连接模式选项。用户需要注意的是，在导入和 DirectQuery 连接模式下，只有执行刷新操作才能获取数据源的最新数据。

2.7　习题

1. 简要概述 Power BI Desktop 可连接哪些数据源。
2. 简要概述有哪些数据源连接模式，各种连接模式有哪些特点。

3. 在 Power BI Desktop 中连接一个 Excel 文件（本书资源\chapter02\学生名单.xls）。

4. 在 Power BI Desktop 中连接一个 CSV 文件（本书资源\chapter02\学生名单.csv）。

5. 在 Power BI Desktop 中连接"IT 支出分析示例"的 Excel 工作簿，其 URL 为 http://download.microsoft.com/download/8/A/3/8A3452B2-D468-4465-BA64-7BF12254825C/IT%20Spend%20Analysis%20Sample.xlsx。

V2-12　习题 2-3

V2-13　习题 2-4

V2-14　习题 2-5

第 ❸ 章 查询编辑器

重点知识：
- 了解查询编辑器概况
- 掌握基础查询操作
- 掌握数据转换的方法
- 掌握添加列的方法
- 掌握追加查询的方法
- 掌握合并查询的方法

Power BI Desktop 通过向数据源发送查询来检索数据。默认情况下，Power BI Desktop 从数据源获取数据表中的全部数据。查询编辑器用于对查询进行定制，根据用户需要来获取数据。查询的结果为数据表，有时直接把查询称为数据表。

本章将介绍如何在查询编辑器中编辑查询。

3.1 查询编辑器概述

3.1.1 查询编辑器打开方式

查询编辑器的打开方式如下。

V3-1 查询编辑
器概述

- 在"开始"选项卡中单击"编辑查询"按钮。
- 在"获取数据"操作过程中，在"导航器"对话框中单击"编辑"按钮。
- 在数据视图中右键单击数据表的任意位置，然后在快捷菜单中选择"编辑查询"命令。
- 在"字段"窗格中右键单击数据表名称，然后在快捷菜单中选择"编辑查询"命令。

3.1.2 查询编辑器界面简介

图 3-1 显示了已连接了数据源的查询编辑器。

实例资源文件：本书资源\chapter03\录取库.xls

提示：读者可参考 2.2.1 节，执行"获取数据"连接"录取库.xls"，将其中的两个表"成绩数据""招生专业"导入 Power BI Desktop，导入后打开查询编辑器。然后在"查询"窗格中单击"招生专业"，显示的结果如图 3-1 所示。本章后继内容均在此基础上进行讲解。

查询编辑器主要由功能区、"查询"窗格、中间窗格和"查询设置"窗格等组成。

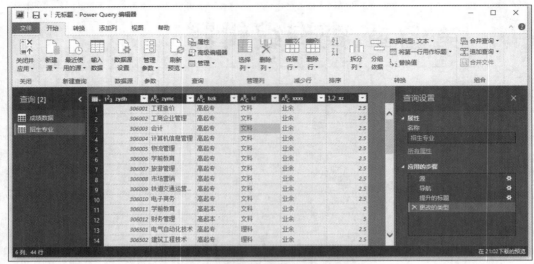

图 3-1　已连接了数据源的查询编辑器

1．功能区

功能区包含了"文件"菜单、"开始"选项卡、"转换"选项卡、"添加列"选项卡、"视图"选项卡和"帮助"选项卡等。

● "文件"菜单

"文件"菜单如图 3-2 所示。菜单中各命令的含义如下。

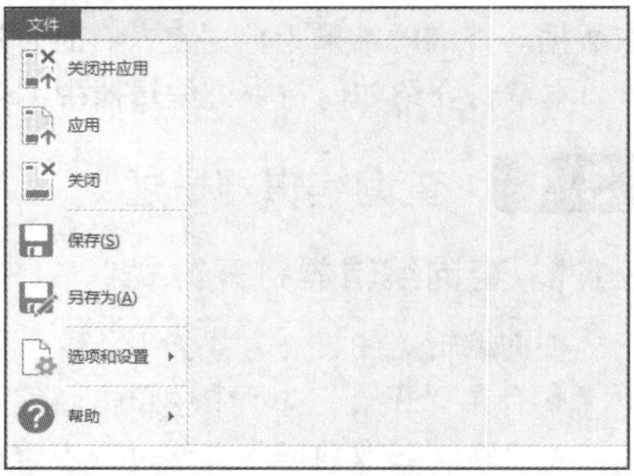

● 关闭并应用：关闭查询编辑器并应用所做的更改。

● 应用：应用所做的更改，但不关闭查询编辑器。

● 关闭：关闭查询编辑器，但不应用所做的更改。会在 Power BI Desktop 中提示应用更改。

图 3-2　"文件"菜单

● 保存：保存当前所做的更改。

● 另存为：将查询另取一个名称保存。

● 选项和设置：可在子菜单中选择管理 Power BI Desktop 的环境选项和数据源设置。

● 帮助：可在子菜单中选择查看各种辅助学习资源。

● "开始"选项卡

"开始"选项卡提供了常见的查询功能，如图 3-3 所示。

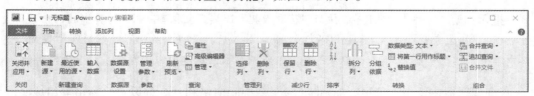

图 3-3　"开始"选项卡

- "转换"选项卡

"转换"选项卡提供了列的相关转换操作,如图3-4所示。

图3-4 "转换"选项卡

- "添加列"选项卡

"添加列"选项卡提供了各种添加列功能,如图3-5所示。

图3-5 "添加列"选项卡

- "视图"选项卡

"视图"选项卡提供了查询编辑器界面相关的选项设置,如图3-6所示。

图3-6 "视图"选项卡

- "帮助"选项卡

"帮助"选项卡提供了Power BI Desktop辅助学习资源,如图3-7所示。

图3-7 "帮助"选项卡

2. "查询"窗格

"查询"窗格显示了Power BI Desktop当前获取数据时使用的所有查询,如图3-8所示。

在Power BI Desktop中,一个查询导入的数据为一个数据表(简称为表)。在"查询"窗格列表中单击查询名称,可在中间窗格中预览数据。右键单击查询名称,可在快捷菜单中选择"复制""粘贴""删除""重命名"等操作。注意:删除查询意味着从Power BI Desktop中删除已经加载的数据,会影响使用其数据的视觉对象。

3．中间窗格

中间窗格可显示查询的预览数据，如图 3-9 所示。

图 3-8 "查询"窗格

▦▾	1²₃ zydh	▾	A^B_C zymc	▾	A^B_C bzk	▾	A^B_C kl	▾	A^B_C xxxs	▾	1.2 xz	▾
1	306001	工程造价	高起专	文科	业余	2.5
2	306002	工商企业管理	高起专	文科	业余	2.5
3	306003	会计	高起专	文科	业余	2.5
4	306004	计算机信息管理	高起专	文科	业余	2.5
5	306005	物流管理	高起专	文科	业余	2.5
6	306006	学前教育	高起专	文科	业余	2.5
7	306007	旅游管理	高起专	文科	业余	2.5
8	306008	市场营销	高起专	文科	业余	2.5
9	306009	铁道交通运营…	高起专	文科	业余	2.5
10	306010	电子商务	高起专	文科	业余	2.5
11	306011	学前教育	高起本	文科	业余	5
12	306012	财务管理	高起本	文科	业余	5

图 3-9 预览数据

提示：中间窗格可显示查询的预览数据是当前时间以前某个时刻从数据源获取的数据，在查询编辑器底部状态栏的右侧显示了数据加载的时间。如果想查看数据源的最新数据，可在"开始"选项卡中单击"刷新预览"按钮执行刷新操作。

中间窗格以类似于 Excel 工作表的方式显示预览数据。单击窗格左上角的菜单按钮▦▾，可打开快捷菜单，执行与列、行相关的操作。

中间窗格的每个列的标题包含 3 部分内容：数据类型按钮、字段名和下拉列表按钮。

● 数据类型按钮：显示字段数据类型，单击可打开快捷菜单更改数据类型。

● 字段名：双击可进入编辑状态，修改字段名。

● 下拉列表按钮：单击按钮可打开快捷菜单执行排序和筛选等操作。

4．"查询设置"窗格

"查询设置"窗格如图 3-10 所示。"查询设置"窗格包含两栏：属性和应用的步骤。

● 管理查询属性

"属性"栏的"名称"框显示了查询名称，可在此修改查询名称。

单击"所有属性"选项，可打开"查询属性"对话框，如图 3-11 所示。

图 3-10 "查询设置"窗格

图 3-11 "查询属性"对话框

在"查询属性"对话框的"名称"框中可更改查询名称，在"说明"框中可输入描述性的说明信息。"启用加载到报表"选项默认是选中的，表示始终将查询获取的数据加载到报表；如果取消选择，则会从报表删除查询对应的数据表。"包含在报表刷新中"选项默认是选中的，表示在报表执行刷新操作时，会执行所有查询从数据源获取的最新数据；如果取消选择，则在报表执行刷新操作时不执行该查询，但可单独刷新数据表以获取最新数据。

● 管理查询应用的步骤

"查询设置"窗格的"应用的步骤"栏列出了查询包含的基本步骤。在图 3-10 所示的"应用的步骤"栏包括了 4 个步骤：源、导航、提升的标题和更改的类型。

执行查询意味着按顺序执行应用的步骤。在"应用的步骤"栏中单击某一个步骤，中间窗格就会显示该步骤对应的预览数据。

查询编辑器打开后，中间窗格会默认显示"应用的步骤"栏中最后一个操作时的数据，也就是查询最终将加载到 Power BI Desktop 中的数据。

在"应用的步骤"列表中单击"源"，可在中间窗格显示查询获得的数据源的源信息，如图 3-12 所示。不同类型的数据源，其源信息有所不同。图 3-12 显示了可从数据源导入的两个表。

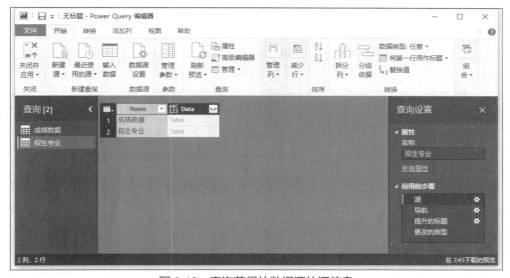

图 3-12　查询获得的数据源的源信息

中间窗格的 Name 字段为源数据的名称，Data 字段中的 Table 说明源数据为一个数据表。在 Data 字段中单击 Table，查询编辑器会打开"导航步骤"对话框，如图 3-13 所示。

该对话框将提示是否创建新的步骤来替换后续的导航步骤。只有在"源"步骤之后没有"导航"等其他步骤时才会出现提示对话框。只有"源"步骤时（2.2.4 节连接 JSON 文件时，查询编辑器一开始就只有"源"步骤），在 Data 字段中单击 Table 会直接创建"导航"步骤。

图 3-13　"导航步骤"对话框

如果只是想查看已有的"导航"步骤预览数据，则在"应用的步骤"列表中单击"导航"即可。图 3-14 显示了"招生专业"查询的"导航"步骤的预览数据。

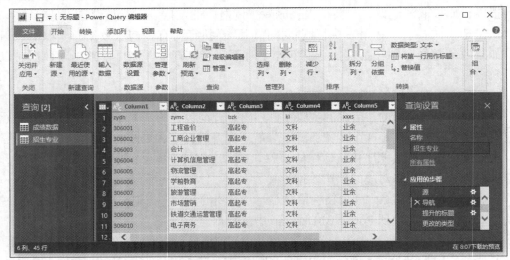

图 3-14 "招生专业"查询的"导航"步骤的预览数据

"导航"步骤预览数据通常为数据源的原始数据，没有做任何转换。所有字段都是字符型，列名为 Column1、Column2……

在"应用的步骤"列表中单击"提升的标题"步骤，可显示"提升的标题"步骤的预览数据，如图 3-15 所示。

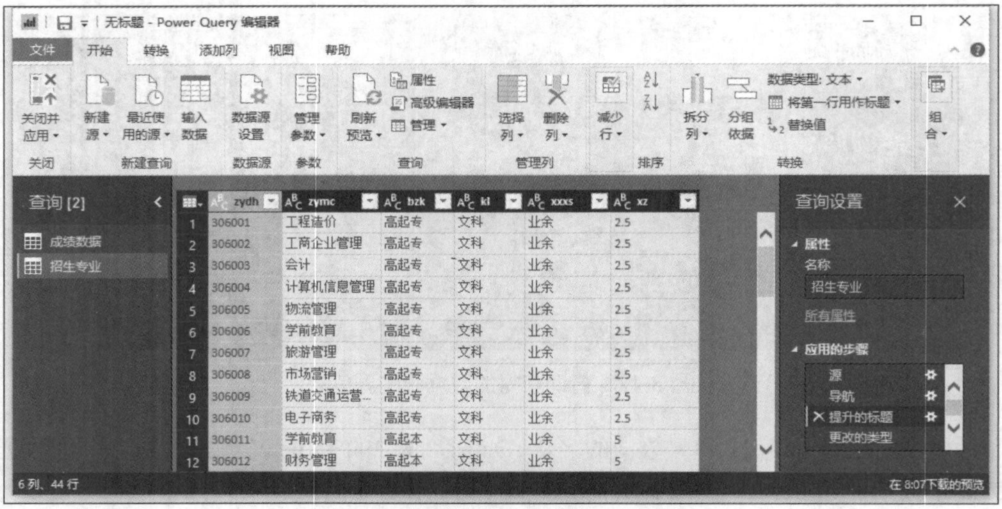

图 3-15 "提升的标题"步骤的预览数据

"提升的标题"通常指查询自动识别确认的源数据中字段的标题，查询通常将源数据的第一行作为标题。

在"应用的步骤"列表中单击"更改的类型"步骤，可显示"更改的类型"步骤的预览数据，如图 3-16 所示。列标题中显示了字段数据类型。

通常，从 Excel 文件获取数据时，查询会完成"源""导航""提升的标题""更改的类型"等 4 个步骤。

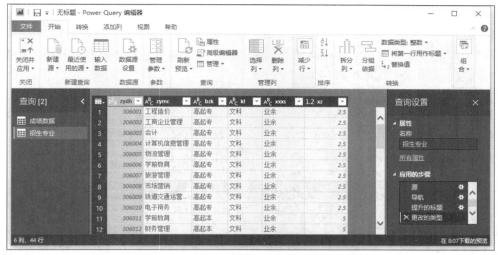

图 3-16　"更改的类型"步骤的预览数据

提示：如果想撤销某一步骤，则在"应用的步骤"列表中右键单击该步骤，并在快捷菜单中选择"删除"命令即可。在快捷菜单中选择"删除到末尾"命令，可删除当前及后续的所有步骤。

注意：删除的步骤不能恢复，所以应谨慎执行删除步骤操作。

3.2　基础查询操作

基础查询操作包括添加新的数据源、复制查询、引用查询和用输入数据创建表等。

3.2.1　添加新的数据源

可在查询编辑器中执行下列操作添加新的数据源。

● 在"开始"选项卡中单击"新建源"按钮，打开"获取数据"对话框连接数据源。

V3-2　添加新的数据源

● 在"开始"选项卡中单击"新建源"下拉列表，从子列表选择常见类型的数据源或者打开"获取数据"对话框连接数据源。

● 右键单击"查询"窗格的空白位置打开快捷菜单，再从"新建查询"的子列表中选择常见类型的数据源、最近使用的源或者打开"获取数据"对话框连接数据源。

不管采用哪种方式，获取数据操作都与第 2 章中讲解的获取数据的操作完全相同。

3.2.2　复制查询

可通过对现有查询执行复制、粘贴操作来创建新的查询。

实例 3-1　复制招生专业查询

具体操作步骤如下。

V3-3　复制查询

（1）在"查询"窗格中右键单击"招生专业"查询，在快捷菜单中选择第一个"复制"命令。

（2）右键单击"查询"窗格的空白位置，在快捷菜单中选择"粘贴"命令完成复制。完成复制后的查询如图 3-17 所示。

图 3-17　复制查询

粘贴操作创建的查询使用了默认名称"招生专业（2）"。双击查询名称，可使其进入编辑状态，然后修改其名称。

复制的查询与原查询执行的是相同的步骤，即复制的是查询的操作步骤，而不是数据。事实上，查询的操作步骤就是一系列命令，这些命令从数据源获取数据，并将其转换为数据表。数据表是执行查询获得的结果。

提示：在"查询"窗格中右键单击查询，在快捷菜单中选择第二个"复制"命令，可直接完成复制查询操作。

3.2.3　引用查询

引用查询指查询直接将被引查询获得的最终数据作为数据源。改变被引查询时，引用查询的数据同时发生改变。但是，调整引用查询中的数据，不会反过来影响被引查询。

实例 3-2　创建"成绩数据"查询的引用

具体操作步骤如下。

（1）在"查询"窗格中右键单击"成绩数据"查询，在快捷菜单中选择"引用"命令，采用引用的方式创建新的查询。

V3-4　引用查询

（2）在"属性设置"窗格的"名称"中将查询名称修改为"成绩数据_引用"。

图 3-18 显示了引用查询。注意：在"属性设置"窗格的"应用的步骤"列表中，只有"源"一个步骤。这说明了引用查询将被引查询作为了数据源，没有做其他任何更改操作。

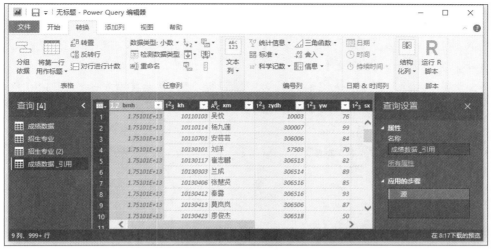

图 3-18 引用查询

3.2.4 用输入数据创建表

查询编辑器可通过手动输入数据的方式来创建表。

实例 3-3 输入数据创建学费标准表

实例资源文件：本书资源\chapter03\学费标准.xls

在查询编辑器中输入"学费标准.xls"中的数据来创建学费标准查询。具体操作步骤如下。

V3-5 用输入数据创建表

（1）在"开始"选项卡中单击"输入数据"按钮，打开"创建表"对话框，如图 3-19 所示。

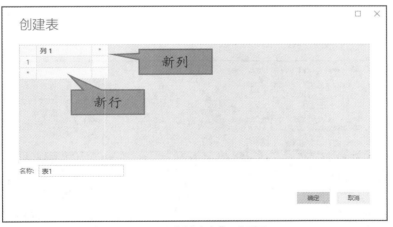

图 3-19 "创建表"对话框

提示：在"创建表"对话框中可通过复制粘贴添加数据。右键单击输入的表格，在快捷菜单中可选择复制、粘贴、剪切数据，也可选择插入或删除列或行。

（2）双击第一列标题使其进入编辑状态，将其修改为"专业代号"。

（3）单击新列任意位置添加新的列，并将新列标题修改为"收费标准"。

（4）在第一行中分别输入"306001""2050"。然后在新行的任意位置添加新的行，再继续输入数据，也可先打开"学费标准.xls"文件，然后复制数据，再在对话框中执行"粘贴"命令，完成添加数据的操作。

（5）在"名称"框中将表名称修改为"学费标准"。最后完成的表如图 3-20 所示。

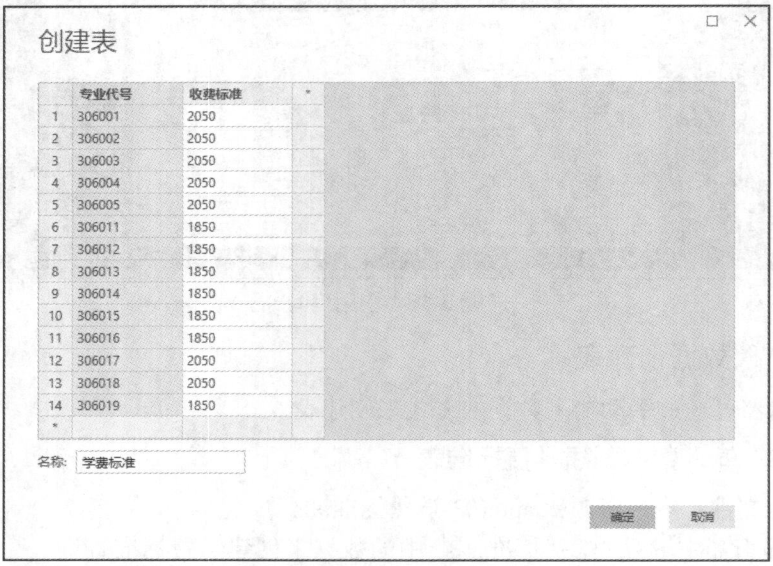

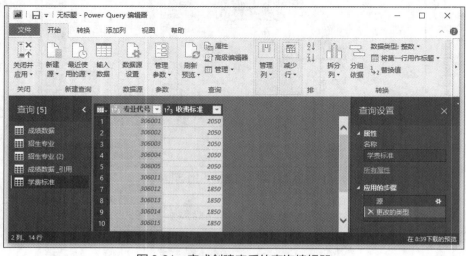

图 3-20　完成的表

（6）单击"确定"按钮完成创建表。

完成创建表后的查询编辑器如图 3-21 所示。在"查询设置"窗格的"应用的步骤"列表中最后一个步骤为"更改的类型"，这说明查询编辑器可自动分析输入的数据，确定字段的数据类型。

图 3-21　完成创建表后的查询编辑器

3.3　数据转换

数据转换是指对查询中的数据执行进一步的加工，以获得需要的数据，如转换数据类型、数据分组、拆分列等。

V3-6　修改数据类型

3.3.1　修改数据类型

通常，查询自动识别基础数据可以确定字段的数据类型，但这不一定准确。在查询编辑器中查看"成绩数据"查询的数据，如图 3-22 所示。

图 3-22　"成绩数据"查询数据

可以发现，"bmh"（报名号，14 位整数或数字字符串）字段的数据类型被识别为小数，"zydh"（专业代号，6 位数字字符串）字段的数据类型被识别为整数。显然，查询自动识别的数据类型对"bmh""zydh"字段不适用。

实例 3-4　修改"成绩数据"查询中"bmh""zydh"字段的数据类型

具体操作步骤如下。

（1）单击"bmh"列标题栏左侧的数据类型按钮，在快捷菜单中选择"文本"命令。查询编辑器会打开"更改列类型"对话框，如图 3-23 所示。

（2）单击"替换当前转换"按钮，表示在当前步骤中即完成数据类型的转换。如果单击"添加新步骤"按钮，则会在当前步骤之后添加更改数据类型的步骤。本例中，希望通过查询得到的"bmh"字段最终为"文本"类型，所以在对话框中单击"替换当前转换"按钮完成类型转换。

图 3-23　"更改列类型"对话框

（3）按同样的方法将"zydh"数据类型更改为"文本"。

"bmh""zydh"字段完成数据类型转换后的数据预览结果如图 3-24 所示。可以看到"bmh""zydh"字段数据都得到了正确的数据。

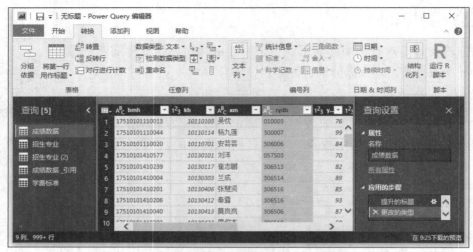

图 3-24 "bmh""zydh"字段完成数据类型转换后的数据预览结果

3.3.2　数据分组

数据分组指可在查询中执行分组统计，类似于 SQL 中的分组查询。

实例 3-5　创建分组统计专业报名人数

本例使用 3.2.3 节中创建的"成绩数据_引用"查询创建分组，统计各个专业的报名人数。具体操作步骤如下。

V3-7　数据分组

（1）在"查询"窗格中单击"成绩数据_引用"查询，显示其数据预览视图。

（2）单击"zydh"列的标题栏选中该列。

（3）在"转换"选项卡中单击"分组依据"按钮，打开"分组依据"对话框，如图 3-25 所示。

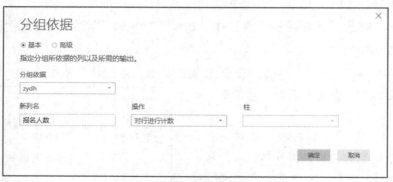

图 3-25 "分组依据"对话框

因为先在数据预览视图中选中了要进行分组的列，所以对话框的"分组依据"下拉列表显示了分组列名。如果要使用其他列进行分组，可在"分组依据"下拉列表中选择列名。

（4）在"新列名"输入框中将名称修改为"报名人数"，在"操作"下拉列表中选择"对行进行计数"选项。然后单击"确定"按钮完成分组。

完成分组后的"成绩数据_引用"查询预览数据如图 3-26 所示。查询结果只保留了分组字段"zydh"和保存统计结果的"报名人数"列。

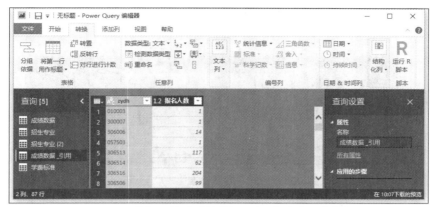

图 3-26 分组后的"成绩数据_引用"查询预览数据

3.3.3 拆分列

拆分列操作可以将现有的列分解成两个新的列。

实例 3-6 拆分专业代码列

"学费标准"查询中的"zydh"字段的前 3 位是院校代码,后 3 位是专业序号,所以可将其拆分为两列。本例将先复制"学费标准"查询,然后在复制的查询中将专业代号拆分为两列。

V3-8 拆分列

具体操作步骤如下。

(1)在"查询"窗格中右键单击"学费标准"查询,在快捷菜单中选择第二个"复制"命令,复制"学费标准"查询。

(2)在复制的"学费标准(2)"查询的预览数据视图中单击"zydh"列的任意位置选中该列。然后在"转换"选项卡中单击"拆分列"按钮,并在下拉列表中选择"按字符数"命令,打开"按字符数拆分列"对话框,如图 3-27 所示。

图 3-27 "按字符数拆分列"对话框

(3)在"字符数"框中输入"3",选中"一次,尽可能靠左"单选项,然后单击"确定"按钮执行拆分操作。

完成拆分后的"学费标准(2)"查询的预览数据如图 3-28 所示。

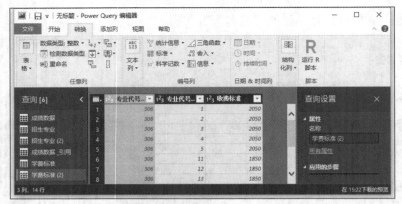

图 3-28　完成拆分后的"学费标准（2）"查询的预览数据

3.3.4　算术运算

查询编辑器支持对数值类型的列执行标准的算术运算，如加、减、乘、除等。

实例 3-7　为"成绩数据"查询的"tzf"字段加"10"

具体操作步骤如下。

（1）在"查询"窗格中单击"成绩数据"查询，查看预览数据，如图 3-29 所示。

V3-9　算术运算

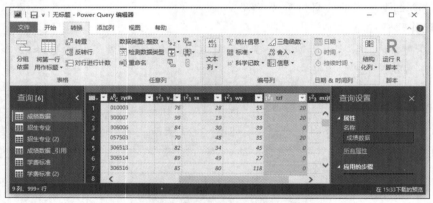

图 3-29　查看"成绩数据"查询的预览数据

（2）单击"tzf"列任意位置，选择该列作为操作目标。

（3）在"开始"选项卡中单击"标准"按钮打开下拉列表，并在列表中选中"添加"命令，打开"加"对话框，如图 3-30 所示。

图 3-30　"加"对话框

（4）在"值"框中输入"10"，单击"确定"按钮，为列执行加法运算。

"tzf"字段加上"10"之后的数据如图 3-31 所示，可与图 3-30 比较前后变化。

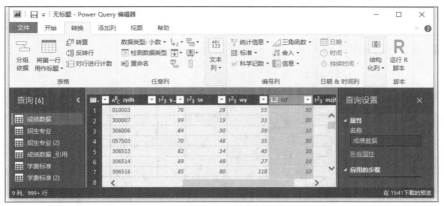

图 3-31 "tzf"字段加上"10"之后的数据

3.4 添加列

查询编辑器提供了多种灵活的方法来添加新列，如用示例创建列、创建计算列、按条件创建列等。

3.4.1 用示例创建列

有时需要对查询获取的数据按规律进行部分修改，此时即可使用用示例创建列功能，它可根据用户的输入数据生成新列的值。

实例 3-8 在"招生专业（2）"查询中用输入示例创建列

在"招生专业"查询中创建新列，新列生成规则为"bzk"，字段值为"高起专"，则新列值为"高职（专科）"；"bzk"字段值为"高起本"，则新列值为"高中起点本科"；"bzk"字段值为"专升本"，则新列值为"专科起点本科"。

V3-10 用示例创建列

具体操作步骤如下。

（1）在"查询"窗格中单击"招生专业（2）"查询的预览数据，如图 3-32 所示。

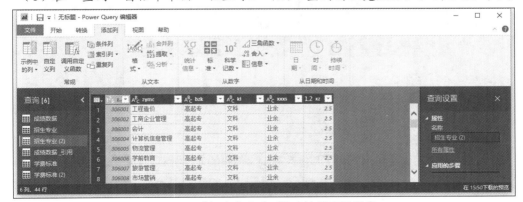

图 3-32 "招生专业（2）"查询的预览数据

（2）单击"bzk"列选中该列，将该列作为示例参照目标。

（3）在"开始"选项卡中单击"示例中的列"下拉按钮，打开下拉列表，并在列表中选中"从所选内容"命令，打开示例输入列，如图 3-33 所示。

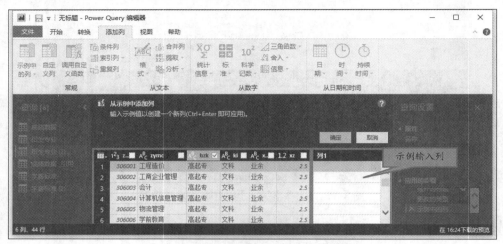

图 3-33　打开了示例输入列的查询编辑器

（4）在"bzk"列的第一个"高起专"值所在行的示例输入列中输入"高职（专科）"，按"Enter"键完成。

（5）在"bzk"列中找到第一个"高起本"值，然后在所在行对应的示例输入列中输入"高中起点本科"，按"Enter"键完成。

（6）在"bzk"列中找到第一个"专升本"值，然后在所在行对应的示例输入列中输入"专科起点本科"，按"Enter"键完成。此时，完成所有示例的输入，查询编辑器如图 3-34 所示。

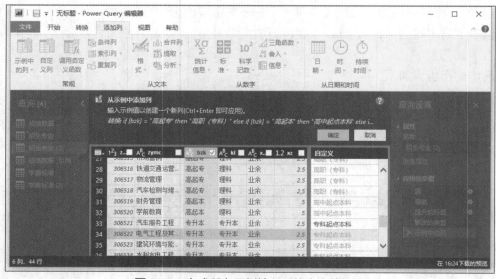

图 3-34　完成所有示例输入后的查询编辑器

（7）确认无误后，单击示例输入列上方的"确定"按钮。图 3-35 显示了新添加的列。

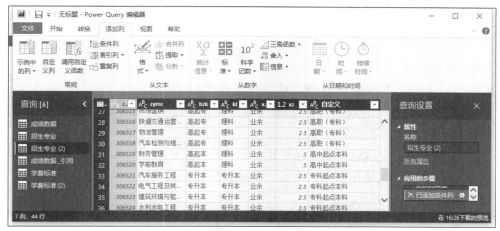

图 3-35　根据示例创建新列后的预览数据

3.4.2　创建计算列

在"转换"选项卡中，"标准"按钮提供的加、减、乘、除等操作可针对当前列执行计算，用计算结果代替原有字段值。

在"添加列"选项卡中，"标准"按钮提供的加、减、乘、除等操作可针对选中的列执行计算。选中单个列时，会用输入值与字段值执行计算。选中多个列时，所有选中列的字段将执行计算。计算结果将作为新建列的值。

V3-11　创建计算列

实例 3-9　在"成绩数据"查询中添加"总分"列

在"成绩数据"查询中，"yw""sx""wy""tzf""mzjf"字段相加为总分。计算生成总分列的具体操作步骤如下。

（1）在"查询"窗格中单击"成绩数据"查询预览数据。

（2）单击"yw"列标题选中该列，再按住"Shift"键单击"mzjf"列标题，选中相邻的 5 个分数字段。也可按住"Ctrl"键依次单击列标题来选择列。

（3）在"添加列"选项卡中，单击"标准"按钮打开下拉列表，在列表中选择"添加"命令。查询编辑器执行计算并创建新列，如图 3-36 所示。

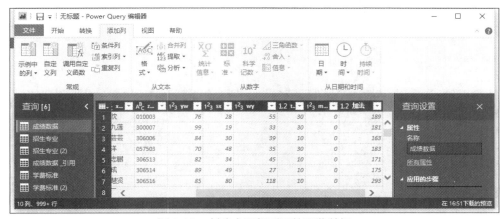

图 3-36　创建求和新列后的预览数据

（4）双击新建的"加法"列标题，将名称修改为"总分"。

3.4.3　按条件创建列

按条件创建列是通过为现有数据指定条件来生成新列数据的。

实例 3-10　在"成绩数据"查询中创建"录取状态"列

若"总分"字段值不低于 150 分，则"录取状态"值为"预录取"，否则为"待定"。具体操作步骤如下。

V3-12　按条件
创建列

（1）在"查询"窗格中单击"成绩数据"查询预览数据。

（2）在"添加列"选项卡中，单击"条件列"按钮，打开"添加条件列"对话框，如图 3-37 所示。

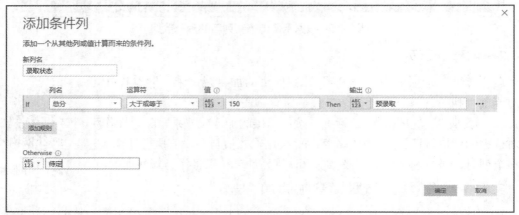

图 3-37　"添加条件列"对话框

（3）在"新列名"输入框中将列名称修改为"录取状态"，在"列名"下拉列表中选中"总分"选项，在"运算符"下拉列表中选中"大于或等于"选项，在"值"输入框中输入"150"，在"输出"输入框中输入"预录取"，在"Otherwise"输入框中输入"待定"。

（4）单击"确定"按钮，查询编辑器会根据设置的条件创建新列，如图 3-38 所示。

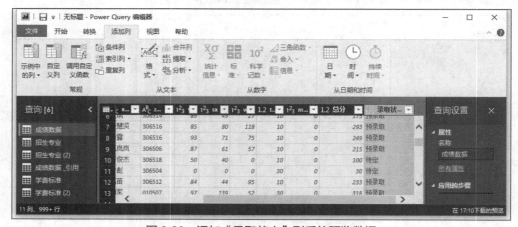

图 3-38　添加"录取状态"列后的预览数据

3.5　追加查询

追加查询可以将现有的查询追加到另一个查询中，甚至可以将追加后的查询创建为新查询。通常在两个查询具有相同字段时才使用追加查询。

V3-13　追加查询

实例 3-11　追加录取成绩数据

实例资源文件：本书资源\chapter03\录取成绩 2.xlsx

将文件"录取成绩 2.xlsx"中的数据添加到"成绩数据"查询中。具体操作步骤如下。

（1）在"开始"选项卡中单击"新建源"按钮，打开"获取数据"对话框，从 Excel 文件"录取成绩 2.xlsx"获取数据，导入其中的 Sheet1 工作表（详细操作省略）。

（2）在"查询"窗格中单击"成绩数据"查询，将其作为当前查询。

（3）在"开始"选项卡中单击"追加查询"按钮打开下拉列表，在列表中选择"追加查询"命令，打开"追加"对话框，如图 3-39 所示。

图 3-39　"追加"对话框

（4）"追加"对话框默认选中"两个表"选项，即将一个查询追加到另一个查询。"三个或更多表"选项用于将三个及以上的查询添加到当前查询。本例中选中"两个表"选项，然后在"要追加的表"下拉列表中选中"Sheet1"，单击"确定"按钮完成追加操作。

完成追加后，"成绩数据"查询的预览数据如图 3-40 所示。

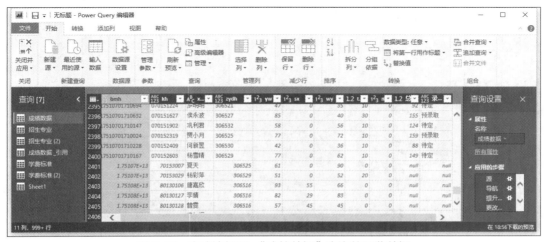

图 3-40　完成追加后，"成绩数据"查询的预览数据

图 3-40 中的第 2401 行开始为来自"Sheet1"的数据，可以看到两个查询"bmh""kh"和"zydh"列的数据类型不一致，可以更改列的数据类型来统一数据类型。"Sheet1"中没有"总分""录取状态"字段，所以追加后这两个字段值为 null。

提示： 追加查询是将一个查询获取的数据追加到当前查询的末尾，字段值按列名称进行匹配。如果当前查询中没有同名的列，则在当前查询中添加列名，当前查询中原有的记录行中该列值设置为 null。

提示： 在"开始"选项卡中的步骤"追加查询"的下拉列表中选择"将查询追加新查询"命令，这时追加查询的结果将生成为新查询，当前查询保持不变。

3.6　合并查询

追加查询是将一个查询的数据添加到另一个查询末尾。合并查询则是结构上的合并，并可按字段匹配记录。例如，将"招生专业"查询和"学费标准"查询合并，两个查询中专业代号相同的记录合并为一条记录。

实例 3-12　合并"招生专业"查询和"学费标准"查询

具体操作步骤如下。

（1）在"查询"窗格中单击"招生专业"查询，将其作为当前查询。

（2）在"开始"选项卡中单击"合并查询"按钮打开下拉列表，在列表中选择"合并查询"命令，打开"合并"对话框，如图 3-41 所示。

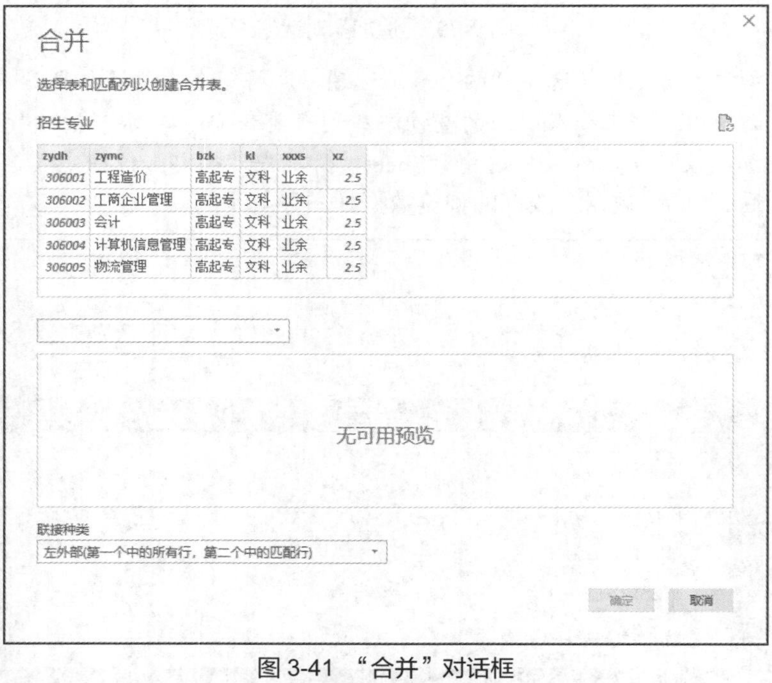

V3-14　合并查询

图 3-41　"合并"对话框

（3）在对话框的第一个下拉列表中选中"学费标准"选项。"联接种类"接受默认的

"左外部（第一个中的所有行，第二个中的匹配行）"。

（4）单击"招生专业"预览数据中的"zydh"列，然后单击"学费标准"预览数据中的"专业代号"列，将这两个列设置为关联字段，如图 3-42 所示。

图 3-42　设置合并表和关联字段后的"合并"对话框

（5）单击"确定"按钮，执行合并操作。合并后的数据如图 3-43 所示。

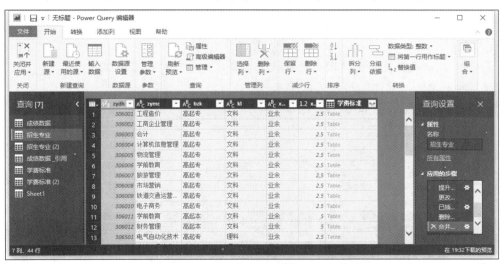

图 3-43　合并后的"招生专业"查询预览数据

（6）"学费标准"查询匹配记录将作为链接表的形式合并到当前查询中。单击"学费标准"列中任意行的空白位置（单击"Table"链接会添加步骤转换到匹配记录，使查询结果只包含匹配记录），在预览视图中可显示匹配记录的预览数据，如图 3-44 所示。

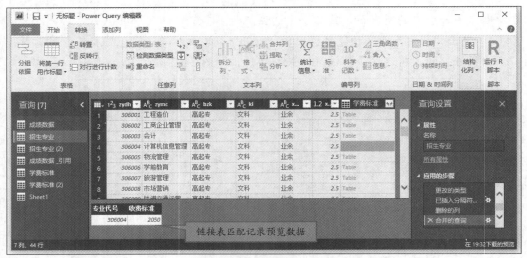

图 3-44　匹配记录的预览数据

（7）单击"学费标准"列标题栏右侧的 （展开）按钮，打开对话框，如图 3-45 所示。

图 3-45　选择展开选项

（8）默认会展开全部列，因为专业代号重复，所以在对话框中取消"专业代号"前的复选框，然后单击"确定"按钮完成展开。

展开列后的预览数据如图 3-46 所示。

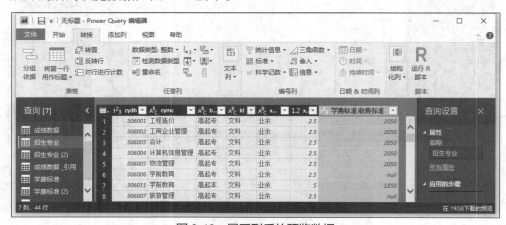

图 3-46　展开列后的预览数据

3.7　实战：创建地区产品销售总额分组查询

实例资源文件：本书资源\chapter03\产品销售.xlsx

Excel 文件"产品销售.xlsx"的数据如图 3-47 所示。

图 3-47　"产品销售.xlsx"的数据

本节使用 Excel 文件"产品销售.xlsx"的数据，创建查询获得每个地区产品的销售总额数据。

具体操作步骤如下。

（1）在 Power BI Desktop 中单击"获取数据"下拉按钮打开下拉列表，在列表中选择"Excel"命令，打开"打开"对话框。

（2）在"打开"对话框中找到 Excel 文件"产品销售.xlsx"，双击文件，打开"导航器"对话框，如图 3-48 所示。

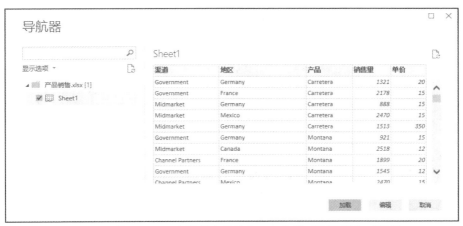

图 3-48　获取 Excel 文件"产品销售.xlsx"的"导航器"对话框

（3）在对话框左侧的数据列表中选中"Sheet1"，然后单击"编辑"按钮，打开查询编辑器。

（4）在"查询设置"的"名称"输入框中将查询名称修改为"地区销售总额"。

61

（5）按住"Ctrl"键，依次单击"销售量""单价"标题，选中这两列。然后在"添加列"选项卡中单击"标准"按钮打开下拉列表，在列表中选中"乘"命令，计算销售金额添加到新列，如图 3-49 所示。

图 3-49　通过计算创建"销售金额"列

（6）在"转换"选项卡中单击"分组依据"按钮，打开"分组依据"对话框。

（7）在"分组依据"对话框中选中"高级"单选项，显示高级选项，如图 3-50 所示。

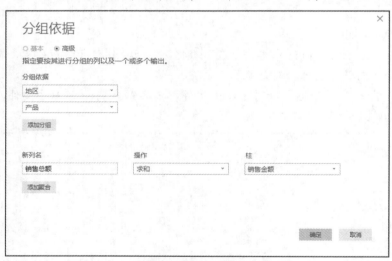

图 3-50　显示了高级选项的"分组依据"对话框

（8）在第一个分组依据下拉列表中选中"地区"选项。

（9）单击"添加分组"按钮，添加一个分组依据下拉列表，并在列表中选中"产品"列。

（10）在"新列名"输入框中将新列名修改为"销售总额"，在"操作"下拉列表中选中"求和"选项，然后在"柱"下拉列表中选中"销售金额"选项。单击"确定"按钮，创建分组查询。

经上述操作获得的地区产品销售总额查询的数据预览如图 3-51 所示。

图 3-51　地区产品销售总额查询的数据预览

3.8　小结

本章首先简单介绍了如何打开查询编辑器及查询编辑器界面，然后重点讲解了基础查询操作、数据转换、添加列、追加查询和合并查询等内容。读者只有熟练地掌握查询编辑器的各种操作，才能设计出满足需求的查询。

3.9　习题

1. 可用哪些方法打开查询编辑器？
2. 请说明复制查询和引用查询有何区别？
3. 请说明查询编辑器"转换"选项卡中的"标准"按钮和"添加列"选项卡中的"标准"按钮提供的计算操作有何区别？
4. 请说明追加查询和合并查询有何区别？
5. 有两个 Excel 文件："销售数据""销售数据 2"，两个表的结构相同，图 3-52 显示了"销售数据"表的结构。

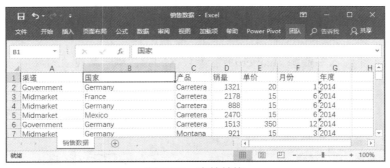

图 3-52　表的结构

用这两个 Excel 表完成下列任务。

（1）创建查询合并两个 Excel 表的数据，"销售数据 2"中的数据添加到"销售数据"中的数据之后，查询命名为"销售数据"。

（2）在查询编辑器中输入月份名称表，如图 3-53 所示。查询命名为"月份名称"。

图 3-53　月份名称表

V3-16　习题
3-5-1

V3-17　习题
3-5-2

（3）创建"销售数据"查询的引用查询，命名为"销售数据_引用"。

（4）将"月份名称"查询合并到"销售数据_引用"查询，如图 3-54 所示。

V3-18　习题
3-5-3

V3-19　习题
3-5-4

图 3-54　合并后的查询

（5）复制"销售数据"查询，命名为"销售数据_复制"，然后添加列，按月份统计每种产品的销售总额，如图 3-55 所示。

实例资源文件：本书资源\chapter03\销售数据.xlsx，销售数据 2.xlsx

图 3-55　销售总额查询

V3-20　习题
3-5-5

第❹章 数据分析表达式

重点知识:

● 了解 DAX 基础

● 掌握 DAX 函数的使用方法

数据分析表达式(Data Analysis Expressions,DAX)是一个函数和运算符库。这些函数和运算符可在 Microsoft SQL Server Analysis Services、Excel 的 Power Pivot 及 Power BI 中用于创建公式和表达式。

本章主要介绍如何在 Power BI Desktop 中使用 DAX。

4.1 DAX 基础

DAX 也称公式语言,它与 Java、Python、C++等计算机程序设计语言不同,它通过公式来完成计算。DAX 与 Excel 的公式非常相似,而且大部分函数都是通用的。

4.1.1 语法规则

语法规则是 DAX 公式的编写规则。一个 DAX 公式通常包含度量值、等号、函数、运算符、列引用等,如图 4-1 所示。

图 4-1 DAX 公式示例

1. 度量值

度量值类似于程序设计语言中的全局变量,是一个标量,通常用于表示单个的值。例如,求和、求平均值、求最大值等结果为单个值,可定义为度量值。度量值可在报表的任意位置使用。

在 Power BI Desktop 中,可用公式来创建度量值、列和表,所以等号左侧可以是新建的度量值、列或表的名称。用公式创建的列和表可分别称为计算列和计算表。

2. 等号

等号表示公式的开始,其后是完成各种计算的表达式。

3. 函数

Power BI Desktop 提供了大量的内置函数,这些函数通常用于在数据表中返回单个值,或者返回包含单列或多列的表。

4. 运算符

运算符负责完成相应计算。

5. 引用

在公式中除了列引用，还涉及度量值和表的引用。

列和度量值在引用时，名称必须放在方括号中。在引用表时，表名称包含空格或其他特殊符号时，必须将名称放在单引号中，否则可以直接使用名称。

引用列时，如果列不属于当前数据表，则必须用数据表名称限定列名，例如，"'销售数据'[销量]"或者"销售数据[销量]"。使用数据表名称限定列名也称为完全限定，建议在公式中都使用完全限定，避免产生误解。

DAX 公式与 Excel 公式类似，两者的主要区别如下。

● Excel 公式可以直接引用单个单元格或某个范围的多个单元格。Power BI 公式只能直接引用完整的数据表或数据列。通过筛选器和函数，可获得列的一部分、列中的唯一值或者表的一部分的引用。

● DAX 公式与 Excel 支持的数据类型并非完全相同。通常，DAX 提供的数据类型比 Excel 多，在导入数据时，DAX 会对某些数据执行隐式类型转换。

DAX 公式还具有下列特点。

● DAX 公式不能修改表中原有的数据，只能通过新建列操作为表添加数据。

● 可通过 DAX 公式创建计算列、度量值和表，但不能创建计算行。

● 在 DAX 公式中，不限制函数的嵌套调用。

● DAX 提供了返回表的函数。

提示：在 DAX 公式中，度量值、列和表的名称不区分大小写。在公式编辑器中编写公式时，可按"Shift+Enter"或"Alt+Enter"组合键实现换行。不要求公式必须写在一行。

4.1.2　运算符

DAX 支持 4 种运算符：算术运算符、比较运算符、文本串联运算符和逻辑运算符。

1. 算术运算符

算术运算符用于执行算术运算，运算结果为数值。表 4-1 列出了常用的算术运算符。

表 4-1　常用的算术运算符

符号	说明	举例
+	加法运算	2+3
-	减法运算或负数符号	2-3
*	乘法运算	2*3
/	除法运算	2/3
^	求幂	2^3

提示： 本章使用 Excel 文件 "第 4 章示例"（本书资源\chapter04\第 4 章示例.xlsx），可先在 Power BI Desktop 中导入文件中的各个数据表，以便完成各个实例。

实例4-1 创建计算列：计算总分

具体操作步骤如下。

（1）在 "字段" 窗格中单击 "成绩数据" 表，将其作为当前表。

（2）在 "建模" 选项卡中单击 "新建列" 按钮，激活公式编辑器。

（3）在公式编辑器中输入下面的公式，然后按 "Enter" 键完成列创建。

V4-1 创建计算列：计算总分

```
总分 = '成绩数据'[语文]+'成绩数据'[数学]+'成绩数据'[外语]
```

创建了 "总分" 字段后，"成绩数据" 的数据视图如图 4-2 所示。

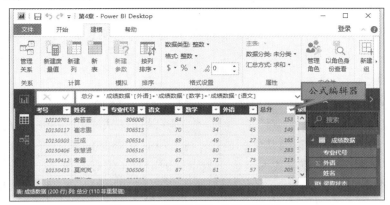

图 4-2 "成绩数据" 的数据视图

2. 比较运算符

比较运算符用于比较操作数关系，运算结果为逻辑值 True 或 False。表 4-2 列出了常用的比较运算符。

表 4-2 常用的比较运算符

符号	说明	举例
=	等于	[语文]=60
>	大于	[语文]>60
<	小于	[语文]<60
>=	大于或等于	[语文]>=60
<=	小于或等于	[语文]<=60
<>	不等于	[语文]<>60

3. 文本串联运算符

文本串联运算符为&，用于将两个字符串连接成一个字符串。例如，"abc" & "123"，结果为"abc123"。

4. 逻辑运算符

逻辑运算符用于执行逻辑运算，运算结果为逻辑值 True 或 False。表 4-3 列出了常用的逻辑运算符。

表 4-3　常用的逻辑运算符

符号	说明	举例
&&	逻辑与，两个操作数都为 True 时，运算结果为 True，否则为 False	[语文]=60 && [数学]>60
‖	逻辑或，两个操作数都为 False 时，运算结果为 False，否则为 True	[语文]>60 ‖ [数学]>60

4.1.3　数据类型

在"字段"窗格中选中某个字段后，可在 "建模"选项卡中单击"数据类型"按钮打开数据类型菜单，如图 4-3 所示。

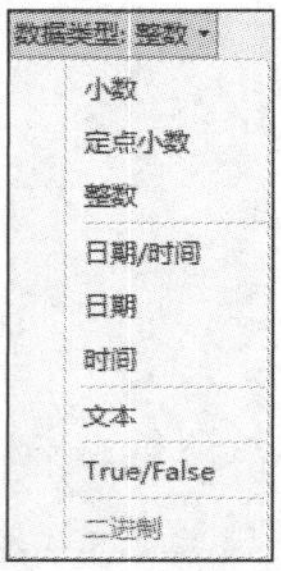

1. 数字类型

Power BI Desktop 支持 3 种数字类型：小数、定点小数和整数。

● 小数：表示 64 位（8 字节）浮点数。可以处理从-1.79E+308 到-2.23E -308 的负数、0，以及从 2.23E-308 到 1.79E+308 的正数。

● 定点小数：小数点位置固定，小数点后固定有 4 位有效数字，最多 19 位有效数字。它可以表示的值的范围为-922,337,203,685,477.5807 到+922,337,203,685,477.5807。

图 4-3　数据类型

● 整数：表示 64 位（8 字节）整数值。最多允许 19 位有效数字，取值范围从-9,223,372,036,854,775,808 到 9,223,372,036,854,775,807。

2. 日期时间类型

Power BI Desktop 支持查询视图中的 5 种日期时间数据类型，以及报表视图和模型中的 3 种日期时间数据类型。

● 日期/时间：表示日期和时间值。日期/时间的值以小数类型进行存储，可以在这两种类型之间进行转换。日期的时间部分存储为 1/300 s（3.33 ms）的整数倍的分数。支持 1900 年和 9999 年之间的日期。

● 日期：仅表示日期，没有时间部分。

● 时间：仅表示时间，没有日期部分。

● 日期/时间/时区：表示 UTC 日期/时间。数据加载后，会被转换为日期/时间类型。

● 持续时间：表示时间的长度。数据加载后，会被转换为十进制数类型。可将其与日期/时间字段执行加法和减法运算。

3. 文本类型

文本类型为 Unicode 字符串，其最大字符串长度为 268,435,456 个 Unicode 字符或

536,870,912 字节。

4. True/False 类型

True/False 类型表示逻辑值的 True 或 False。

5. 空值/Null 类型

空值/Null 类型可在 DAX 中表示和替代 SQL 中的 Null。可用 BLANK 函数创建空值，也可用 ISBLANK 逻辑函数测试空值。

提示：DAX 公式中可能会执行一些隐式或显式的数据类型转换。例如，函数参数要求为日期，而提供的参数为字符串，DAX 就会尝试将其转换为日期时间类型。又如，公式中输入 True+1 时，DAX 会将 True 转换为 1，计算结果为 2。关于 DAX 公式中隐式或显式数据类型转换的详细内容，读者可在 Power BI 在线文档中搜索"DAX"加以了解。

4.1.4 上下文

上下文（Context）在众多高级程序设计语言中使用，它代表了变量、函数、程序的运行环境。上下文也是 DAX 的一个重要概念。在 DAX 中，上下文是公式的计算环境。DAX 公式中有两种上下文：行上下文和筛选上下文。

1. 行上下文

行上下文可以理解为当前记录（当前行）。从数据源获取各种数据后，Power BI Desktop 将其以关系表（二维表）的形式进行存储。在计算函数时，通常都会应用某一行中某个列的数据，此时的行就是当前计算的行上下文。

2. 筛选上下文

筛选上下文可以理解为作用于表的筛选条件（筛选器），函数应用筛选出的数据（单个或多个值）完成计算。

4.2 DAX 函数

函数是指通过使用特定值、调用参数，并按特定顺序或结构来执行计算的预定义公式。函数参数可以是其他函数、另一个公式、表达式、列引用、数字、文本、逻辑值或者常量。

4.2.1 DAX 函数概述

DAX 中的函数按类型可分为日期和时间函数、时间智能函数、信息函数、逻辑函数、数学函数、统计函数、文本函数等。

DAX 函数具有下列特点。

- DAX 函数始终引用整列或整个表。如果仅想使用表或列中的某个特定值，则需为公式添加筛选器。
- 在需要逐行自定义计算时，DAX 允许将当前行的值或关联值作为参数。
- DAX 函数可返回计算表，计算表可作为其他函数的参数。
- DAX 提供了各种时间智能函数，这些函数可用于定义或选择日期范围，以便执行动态计算。

DAX 对内置函数的参数名称进行了规范化，如表 4-4 所示。

表 4-4　DAX 函数主要参数的命名规范

参数	说明
expression	表示返回单个标量值的 DAX 表达式。表达式根据上下文确定计算次数
value	表示返回单个标量值的 DAX 表达式。其中，表达式将在执行所有其他操作之前仅计算一次
table	表示返回数据表的 DAX 表达式
tableName	使用标准 DAX 语法的表名称，不能是表达式
columnName	使用标准 DAX 语法的列名称，通常是完全限定的名称，不能是表达式
name	一个字符串常量，用于提供新对象的名称
order	用于确定排序顺序的枚举常量
ties	用于确定如何处理等同值的枚举常量

4.2.2　聚合函数

聚合函数也称统计函数，用于执行聚合操作。例如，求和、求平均值、求最小值和求最大值等。

常用的聚合函数如下。

● AVERAGE(<column>)

计算列中所有数字的平均值。如果列中包含文本，则不执行计算，函数返回空值。如果列中包含空单元或逻辑值，则忽略这些值，不对行进行计数。如果值为 0，则对行计数。例如：

```
= AVERAGE('成绩数据'[语文])
```

● AVERAGEA(<column>)

计算列中所有值的平均值。列中的非数字值处理规则为，计算结果为 True 的值作为 1 计数，计算结果为 False 的值、包含非数字文本的值、空文本 ("") 和空单元均作为 0 计数。例如：

```
= AVERAGEA('成绩数据'[语文])
```

● AVERAGEX(<table>,<expression>)

计算表中表达式计算结果的平均值。例如：

```
= AVERAGEX('成绩数据',[语文]+[数学]+[外语])
```

● COUNT(<column>)

对列中的数字和日期进行计数。如果单元包含不能转换成数字的文本，则不对该行进行计数。如果列中没有可计数的单元，则函数返回空值。例如：

```
= COUNT('成绩数据'[语文])
```

● COUNTA(<column>)

对列中非空单元进行计数。例如：

```
= COUNTA(('成绩数据'[语文])
```

● COUNTAX(<table>,<expression>)

对表中的每一行计算表达式，返回表达式计算结果不为空的数目。例如：

```
= COUNTAX('成绩数据',[专业代码])
```

● COUNTROWS(<table>)

计算指定表的行数。例如：

```
= COUNTROWS('成绩数据')
```

● MAX(<column>)

返回数值列中的最大值。例如：

```
= MAX([语文])
```

● MIN(<column>)

返回数值列中的最小值。例如：

```
= MIN([语文])
```

● RANK.EQ(<value>, <columnName>[, <order>])

计算 value 在列 columnName 中的排名。order 指定排名方式，可省略。order 为 0（默认）时，列中最大值排名为 1；order 为 1 时，列中最小值排名为 1。

例如，创建语文成绩的排名列。

```
= RANK.EQ('成绩数据'[语文],'成绩数据'[语文])
```

● RANKX(<table>, <expression>[, <value>[, <order>[, <ties>]]])

计算表 table 中表达式 expression 的计算结果在 value 中的排名。参数 order 与 RANK.EQ() 函数中一致。参数 ties 为 skip（默认）时，相同排名要计数。例如，有 5 个值排名第 10，则下一个排名为 15（10+5）。参数 ties 为 Dense 时，相同排名只计数 1 次。例如，有 5 个值排名第 10，则下一个排名为 11。

例如：

```
= RANKX('成绩数据','成绩数据'[外语]+'成绩数据'[数学]+'成绩数据'[语文])
```

● SUM(<column>)

对列中的数值进行求和。例如：

```
= SUM('销售数据'[销量])
```

● SUMMARIZE(<table>, <groupBy_columnName>[, <groupBy_columnName>]…[, <name>, <expression>]…)

对表 table 中的数据按分组列 groupBy_columnName 计算表达式 expression，计算结果作为列 name 的值，返回的表包含分组列和计算结果列。可以有多个分组列，计算表达式（expression）也可有多个，每个表达式一个名称（name）。

实例 4-2　创建计算表：按专业分析语文成绩

本例按专业分组统计语文成绩的最高分、最低分和平均分。具体操作步骤如下。

（1）在"字段"窗格中单击"成绩数据"表，将其作为当前表。

（2）在"建模"选项卡中单击"新建表"按钮，激活公式编辑器。

V4-2　创建计算表：按专业分析语文成绩

71

（3）在公式编辑器中输入下面的公式，然后按"Enter"键完成表的创建。

```
语文成绩统计 = SUMMARIZE('成绩数据'
            ,'成绩数据'[专业代号]
            ,"最高分",MAX('成绩数据'[语文])
            ,"最低分",MIN('成绩数据'[语文])
            ,"平均分",AVERAGE('成绩数据'[语文]))
```

创建的"语文成绩统计"数据视图如图 4-4 所示。

图 4-4 "语文成绩统计"数据视图

4.2.3 逻辑函数

逻辑函数用于对表达式执行逻辑计算。

- AND(<logical1>,<logical2>)

对两个逻辑值计算逻辑与。例如：

```
= AND(AVERAGE('成绩数据'[语文])>60,AVERAGE('成绩数据'[数学])>60)
```

- NOT(<logical>)

对逻辑值取反。例如：

```
= NOT(AVERAGE('成绩数据'[语文])>60)
```

- OR(<logical1>,<logical2>)

对两个逻辑值计算逻辑或。例如：

```
= OR(AVERAGE('成绩数据'[语文])>60,AVERAGE('成绩数据'[数学])>60)
```

- TRUE()

返回逻辑值 True。例如：

```
= TRUE()
```

- FALSE()

返回逻辑值 False。例如：

```
= FALSE()
```

- IF(logical_test>,<value_if_true>, value_if_false)

如果条件 logical_test 为 True，则返回值 value_if_true；否则返回值 value_if_false。例如：

```
= IF([成绩] >55,"合格","不合格")
```

- IFERROR(value, value_if_error)

在计算 value 发生错误时，函数返回 value_if_error 的值，否则返回 value 的值。
例如：

```
= IFERROR([成绩] >55,"出错")
```

- SWITCH(<expression>, <value>, result>[, <value>, <result>]…[, <else>])

计算表达式 expression，计算结果与某个 value 匹配时，对应的 result 作为函数返回值。
如果没有值与计算结果匹配，则 else 作为函数返回值。例如：

```
= SWITCH([weekday],1,"周一",2,"周二",3,"周三",4,"周四",5,"周五",6,"周六",7,"周日",
"非法数")
```

实例 4-3　创建字段：根据总分生成录取状态

本例为在"成绩数据"表中添加表示录取状态的列，总分大于 150 分
的状态为"预录取"，否则为"待定"。

具体操作步骤如下。

（1）在"建模"选项卡中单击"新建列"按钮，激活公式编辑器。

（2）在公式编辑器中输入下面的公式，然后按"Enter"键完成列的
创建。

V4-3　创建字
段：根据总分生
成录取状态

```
录取状态 = IF(([语文]+[数学]+[外语])>150,"预录取","待定")
```

添加了录取状态后的"成绩数据"数据视图如图 4-5 所示。

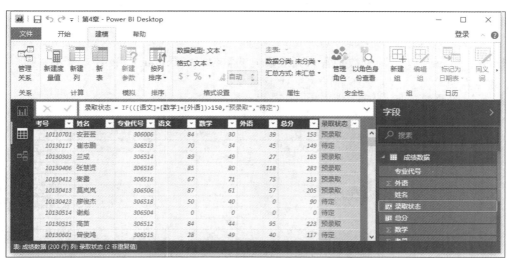

图 4-5　添加了录取状态后的"成绩数据"数据视图

4.2.4　数学函数

DAX 数学函数与 Excel 数学函数非常相似。DAX 的主要数学函数
如下。

- ABS(<number>)

求 number 的绝对值。例如：

V4-4　使用数学
函数

```
= ABS([销售量]-100)
```

● CEILING(\<number>, \<significance>)

将数字 number 向上舍入到最接近的整数，或基数 significance 的最接近倍数。

例如，下面的表达式将单价舍入为整数。

```
= CEILING([单价], 1)
```

● FLOOR(\<number>, \<significance>)

将数字 number 向下舍入到最接近的整数，或基数 significance 的最接近倍数。例如：

```
= CEILING([单价],0.5)。
```

● INT(\<number>)

将数字 number 向下舍入到最接近的整数。例如，下面的表达式返回-5。

```
= INT(-4.3)
```

● TRUNC(\<number>)

返回数字的整数部分。例如，下面的表达式返回-4。

```
= TRUNC(-4.3)
```

● RAND()

返回大于或等于 0 且小于 1 的随机数字。例如：

```
= RAND()
```

● RANDBETWEEN(\<bottom>,\<top>)

返回指定范围内的随机数字。例如，返回 1 和 10 之间的随机数字。

```
= RANDBETWEEN(1,10)
```

● ROUND(\<number>, \<num_digits>)

将数字舍入到指定的位数。如果 num_digits 大于 0，则将数字舍入到指定的小数位数。如果 num_digits 为 0，则将数字舍入到最接近的整数。如果 num_digits 小于 0，则将数字向小数点左侧舍入。例如，下面的表达式返回 3.3。

```
= ROUND(3.25,1)
```

例如，下面的表达式返回 30。

```
= ROUND(32.5,-1)
```

4.2.5 文本函数

DAX 中的主要文本函数如下。

● BLANK()

返回空值。例如：

```
= BLANK()
```

V4-5 使用文本
函数

● EXACT(\<text1>,\<text2>)

比较两个文本字符串，如果它们完全相同，则返回 True，否则返回 False。EXACT 区分大小写，但忽略格式上的差异。例如：

```
= EXACT("ab","xABC")
```

● FIND(\<find_text>, \<within_text>[, [\<start_num>][, \<NotFoundValue>]])

在字符串 within_text 中，start_num 用于指定开始查找 find_text 的位置。start_num 省

略时，从第 1 个字符开始查找。NotFoundValue 用于指定未找到时的返回值，默认为空值。例如：

```
= FIND("a","blankabc")
```

● LEFT(\<text\>, \<num_chars\>)

从文本字符串的开头返回指定数目的字符。例如：

```
= LEFT("abcd",3)
```

● RIGHT(\<text\>, \<num_chars\>)

从文本字符串的末尾返回指定数目的字符。例如：

```
= RIGHT("abcd",3)
```

● MID(\<text\>, \<start_num\>, \<num_chars\>)

根据给出的开始位置 start_num 和长度 num_chars，从文本字符串 text 的中间返回字符串。例如：

```
= MID("abcdef",2,3)
```

4.2.6　信息函数

V4-6　使用信息
函数

信息函数通常用于查找作为参数的单元格或行，并且判断值是否与预期的类型匹配。DAX 中主要的信息函数如下。

● CONTAINS(\<table\>, \<columnName\>, \<value\>[, \<columnName\>, \<value\>]…)

如果在表 table 的列 columnName 中包含 value，则函数返回 True，否则返回 False。例如：

```
= CONTAINS('成绩数据','成绩数据'[专业代号],306003)
```

● ISBLANK(\<value\>)

如果值 value 为空白，则返回 True，否则返回 False。

```
= ISBLANK([度量值 2])
```

● ISNUMBER(\<value\>)

如果值 value 为数字，则返回 True，否则返回 False。

```
= ISNUMBER([度量值 2])
```

● ISTEXT(\<value\>)

如果值 value 为文本，则返回 True，否则返回 False。

```
= ISTEXT([度量值 2])
```

● LOOKUPVALUE(\<result_column\>,\<search_column\>, \<search_value\>…)

在 search_column 中查找 search_value，如果找到匹配值，则返回该行中 result_column 列的值；如果没有找到匹配值，则返回空值。例如，返回总成绩排名第 3 的专业代码：

```
= LOOKUPVALUE('成绩数据'[专业代号],'成绩数据'[总成绩排名],3)
```

4.2.7　日期和时间函数

日期和时间函数类似于 Microsoft Excel 中的日期和时间函数。但是，DAX 函数使用基于 Microsoft SQL Server 的 datetime 数据类型。

V4-7　使用日期
和时间函数

- DATE(\<year>, \<month>, \<day>)

用给定的整数表示的年、月、日创建日期，返回 datetime 格式的值。
year 值在 0 到 99 之间时，会加上 1900 作为年份值，例如，DATE（90,1,1）
返回的日期为"1990 年 1 月 1 日"。month 超出月份有效范围（1 到 12）
时，会以 12 为基数取模，并加减年份。例如，下面的表达式返回的日期
为"2017 年 11 月 1 日"。

```
= DATE（2018,-1,1）
```

例如，下面的表达式返回的日期为"2019 年 2 月 1 日"。

```
= DATE（2018,14,1）
```

类似地，如果参数 day 超过了指定月份日的有效范围，会加减月份来获得正确日期。
例如，下面的表达式返回的日期为"2019 年 1 月 30 日"。

```
= DATE(2018,14,-1)
```

- DATEVALUE(date_text)

将文本形式的日期转换为日期时间格式的日期。例如：

```
= DATEVALUE("08/2/17")
```

- NOW()

返回当前日期时间。例如：

```
= NOW()
```

- TODAY()

返回当前日期。例如：

```
= TODAY()
```

- YEAR(\<date>)

返回日期中的以 4 位整数表示的年份。例如：

```
= YEAR(NOW())
```

- MONTH(\<datetime>)

返回日期中的月份，1 到 12 的数字。例如：

```
= MONTH(NOW())
```

- DAY(\<date>)

返回日期中的日，1 到 31 的数字。例如：

```
= DAY(NOW())
```

- HOUR(\<datetime>)

返回时间中的小时，0 到 23 的数字。例如：

```
= HOUR(NOW())
```

- MINUTE(\<datetime>)

返回时间中的分钟，0 到 59 的数字。例如：

```
= MINUTE(NOW())
```

- SECOND(\<time>)

返回时间中的秒，0 到 59 的数字。例如：

```
= SECOND(NOW())
```

- TIME(hour, minute, second)

将作为数字提供的小时、分钟和秒钟转换为 datetime 格式的时间，默认日期为"1899年 12 月 30 日"。例如，下面的表达式返回的日期时间为"1899 年 12 月 30 日 13:04:50"。

```
= TIME(13,4,50)
```

- TIMEVALUE(time_text)

将文本格式的时间转换为 datetime 格式的时间，默认日期为"1899 年 12 月 30 日"。例如，下面的表达式返回的日期时间为"1899 年 12 月 30 日 13:04:50"。

```
= TIMEVALUE("13:04:50")
```

- WEEKDAY(<date>, <return_type>)

返回日期是星期几。return_type 为 1（默认）时，一周从星期日（1）开始，到星期六（7）结束；return_type 为 2 时，一周从星期一（1）开始，到星期日（7）结束；return_type 为 3 时，一周从星期日（0）开始，到星期六（6）结束。例如：

```
= WEEKDAY(NOW(),2)
```

- WEEKNUM(<date>, <return_type>)

返回日期是一年中的第几周。return_type 为 1（默认）时，一周从星期日开始；return_type 为 2 时，一周从星期一开始。例如：

```
= WEEKNUM(NOW(),2)
```

- EDATE(<start_date>, <months>)

返回指定日期 start_date 加上 months 个月份的日期。参数 start_date 可以是 datetime 或文本格式的日期。months 为整数，不是整数时只取整数部分（截断取整）。例如，下面的表达式返回的日期为"2017 年 7 月 5 日"。

```
= EDATE("2017-4-5",3)
```

- YEARFRAC(<start_date>, <end_date>)

计算两个日期之间的天数在一年中占的比例，返回小数。例如，下面的表达式返回 0.18。

```
= YEARFRAC("2017/3/11","2017/5/15")
```

4.2.8 时间智能函数

时间智能函数可用于按时间段（年、月、日和季度）处理日历和日期的相关计算。主要的时间智能函数如下。

- CLOSINGBALANCEMONTH(<expression>,<dates>[,<filter>])

对 dates 指定的日期列中每月最后一个日期计算表达式 expression。例如，计算月末销售金额。

```
= CLOSINGBALANCEMONTH(SUMX('销售数据','销售数据'[销量]*'销售数据'[单价]),'销售
数据'[日期])
```

- CLOSINGBALANCEQUARTER(<expression>,<dates>[,<filter>])

对 dates 指定的日期列中每季度最后一个日期计算表达式 expression。例如：

```
= CLOSINGBALANCEQUARTER(SUMX('销售数据','销售数据'[销量]*'销售数据'[单价]),'销
售数据'[日期])
```

● CLOSINGBALANCEYEAR(<expression>,<dates>[,<filter>])

对 dates 指定的日期列中每年最后一个日期计算表达式 expression。例如：

```
= CLOSINGBALANCEYEAR(SUMX('销售数据','销售数据'[销量]*'销售数据'[单价]),'销售
数据'[日期])
```

提示：OPENINGBALANCEMONTH()、OPENINGBALANCEQUARTER()和 OPENING BALANCEYEAR()函数可分别对列中每月、季度和年中的第 1 个日期进行计算。

● DATEADD(<dates>,<number >,<interval>)

dates 为包含日期的列，number 为增加的值，interval 为增加类型，可以是 year（年）、quarter（季度）、month（月）、day（日）。函数对指定列中的每一个日期按 interval 指定的类型加上 number，获得新日期。新日期在 dates 列包含的日期范围内的，则包含在返回的表中。例如，按月份加 3 生成新表。

```
= DATEADD('日期表'[日期],3,MONTH)
```

● DATESBETWEEN(<dates>,<start_date>,<end_date>)

返回一个表，从指定日期列 dates 中返回在 start_date 和 end_date 范围内的日期。例如：

```
= DATESBETWEEN('日期表'[日期],"2018/1/1","2018/3/31")
```

● DATESMTD(<dates>)

返回一个表，该表包含当前上下文中本月截止到现在的日期列。例如：

```
= DATESMTD('销售数据'[日期])。
```

● DATESQTD(<dates>)

返回一个表，该表包含当前上下文中本季度截止到现在的日期列。例如：

```
= DATESQTD('销售数据'[日期])
```

● DATESYTD(<dates>)

返回一个表，该表包含当前上下文中本年截止到现在的日期列。例如：

```
= DATESYTD('销售数据'[日期])
```

● ENDOFMONTH(<dates>)

从当前上下文的日期列 dates 中返回相应月份的最后一个日期。例如：

```
= ENDOFMONTH('销售数据'[日期])
```

● ENDOFQUARTER (<dates>)

从当前上下文的日期列 dates 中返回相应季度的最后一个日期。例如：

```
= ENDOFMONTH('销售数据'[日期])
```

● ENDOFYEAR (<dates>)

从当前上下文的日期列 dates 中返回相应年度的最后一个日期。例如：

```
= ENDOFYEAR('销售数据'[日期])
```

提示：类似地，STARTOFMONTH()、STARTOFQUARTER()和 STARTOFYEAR()函数可分别返回每月、季度和年度中的第 1 个日期。

● FIRSTDATE(<dates>)

从指定日期列 dates 中返回第一个日期。例如：

```
= FIRSTDATE('销售数据'[日期])
```

● LASTDATE(<dates>)

从指定日期列 dates 中返回最后一个日期。例如：

```
= LASTDATE('销售数据'[日期])
```

● NEXTDAY(<dates>)

返回一个表，包含当前上下文的 dates 列中第一个日期的下一天的日期。例如：

```
= CALCULATE(SUMX('销售数据','销售数据'[销量]),NEXTDAY('销售数据'[日期]))
```

NEXTDAY()返回的只是下一天的日期，所以 SUMX()获得的就是下一天的"销量"。类似地，PREVIOUSDAY(<dates>)可返回上下文的 dates 列中第一个日期的前一天的日期。

● NEXTMONTH(<dates>)

返回一个表，包含当前上下文的 dates 列中第一个日期的下一个月包含的所有日期。例如：

```
= CALCULATE(SUMX('销售数据','销售数据'[销量]), NEXTMONTH('销售数据'[日期]))
```

SUMX()获得的是从当前日期开始的一个月时间段之内的"销量"之和。

提示：NEXTQUARTER()和 NEXTYEAR()函数可分别返回下一个季度和下一年中的所有日期。PREVIOUSMONTH()、PREVIOUSQUARTER()和 PREVIOUSYEAR()函数分别返回前一个月、前一个季度和前一年度中的所有日期。

● TOTALMTD(<expression>,<dates>[,<filter>])

计算当前上下文中当月至今的 expression 的值。例如：

```
= TOTALMTD(SUMX('销售数据','销售数据'[销量]),'销售数据'[日期])
```

类似地，TOTALQTD()、TOTALYTD()可分别计算当前上下文中当前季度、当年至今的 expression 的值。

实例 4-4 创建度量值：月销量累计

本例统计"销售数据"中每月截止到当日的总销量。具体操作步骤如下。

（1）在侧边栏中单击"报表"按钮打开报表视图。

（2）在"字段"窗格中展开"销售数据"表字段，依次选中"日期" V4-8 创建度量"销量"字段，将其添加到报表视图。 值：月销量累计

（3）在"可视化"窗格中单击"表格"按钮，将显示"日期""销量"字段数据的默认视觉对象改为表格。

（4）在"可视化"窗格中单击"值"列表中"日期"字段右侧的下拉按钮，在快捷菜单中选中"日期"。日期类型字段在视觉对象中默认显示为层次结构，即分年、季度、月份和日显示。本例中需要使用日期作为筛选条件，层次结构不适合本例，所以改为以"日期"格式显示。

（5）在"建模"选项卡中单击"新建度量值"按钮，打开公式编辑器。

（6）在公式编辑器中输入下面的公式，然后按"Enter"键完成列的创建。

```
月销量累计 = TOTALMTD(SUMX('销售数据','销售数据'[销量]),'销售数据'[日期])
```

（7）在报表视图中确保选中前面创建的视觉对象，然后在"字段"窗格中选中前一步中创建的"月销量累计"度量值，将其添加到视觉对象中。

（8）单击视觉对象标题栏右侧的"焦点模式"按钮，切换到视觉对象焦点显示模式，

如图 4-6 所示。

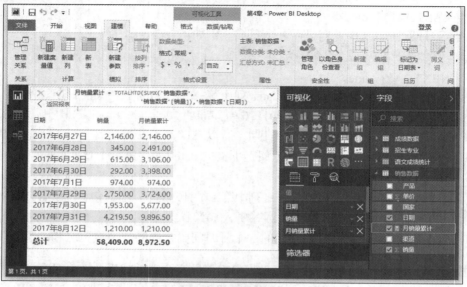

图 4-6　在焦点视图中查看月销量累计

图 4-6 中按日期先后顺序列出了销量，每个日期的"月销量累计"计算了到目前日期为止，本月已有的销量累计。

本例充分说明了行上下文和筛选上下文的应用。视觉对象在执行计算时，首先按"销售数据"表中的行先后顺序依次处理每一行数据。当前正在处理的行就是行上下文。因为TOTALMTD()函数计算的是本月中的数据，所以利用行上下文中的"日期"字段值作为筛选器——筛选上下文，再计算 SUMX()获得累计。

4.2.9　筛选器函数

筛选器函数用于对表执行筛选操作，主要的筛选器函数如下。

●　ALL({<table> | <column>[, <column>[,,...]]})

返回一个表，包含表中的所有行和列，或者返回列中的所有行。例如，下面的表达式可返回"销售数据"表中的所有数据。

```
= ALL('销售数据')
```

例如，下面的表达式可返回"销售数据"表中"产品""销量"列的所有数据。

```
= ALL('销售数据'[产品],'销售数据'[销量])
```

●　CALCULATE(<expression>,<filter1>,<filter2>…)

返回一个表，应用指定筛选条件（filter1、filter2 等）完成表达式 expression 的计算。例如，下面的表达式可计算 2017 年的总销量。

```
= CALCULATE(sum('销售数据'[销量]),year('销售数据'[日期])=2017)
```

●　CALCULATETABLE(<expression>,<filter1>,<filter2>,…)

应用指定筛选条件对表进行筛选。表达式 expression 可以是表名称，也可以是计算结果为表的其他表达式。例如：

```
= CALCULATETABLE('销售数据','销售数据'[销量]>100,'销售数据'[产品]="Montana")
```

● DISTINCT(<column>)

返回由一个列构成的表，列中不包含重复值。例如：

```
= DISTINCT('成绩数据'[专业代码])
```

● FILTER(<table>,<filter>)

返回一个表，包含表 table 中符合筛选条件的所有行。例如：

```
= FILTER('销售数据','销售数据'[销量]>100 && '销售数据'[产品]="Montana")
```

● RELATED(<column>)

从另一个表返回关联的列。例如：

```
= RELATED('招生专业'[专业名称])
```

对于"成绩数据"表中的当前行，RELATED('招生专业'[专业名称])可返回一个值。

● RELATEDTABLE(<tableName>)

从关联表返回关联的行。例如：

```
= COUNTROWS(RELATEDTABLE('成绩数据'))
```

对于"招生专业"表中的当前行，RELATEDTABLE('成绩数据')可返回"成绩数据"表中的所有关联行，COUNTROWS()可计算返回的行数。

实例4-5 统计每个专业的预录取人数

在"成绩数据"表中，总成绩大于150分的考生属于预录取，所以需要对"成绩数据"表数据进行筛选，然后对筛选结果通过 SUMMARIZE()函数执行分组统计，得到每个专业的预录取人数。具体操作步骤如下。

V4-9 统计每个
专业的预录取人数

（1）在"建模"选项卡中单击"新建表"按钮，打开公式编辑器。

（2）在公式编辑器中输入下面的公式，然后按"Enter"键完成列的创建。

```
预录取统计 = SUMMARIZE(FILTER('成绩数据','成绩数据'[总分]>150),'成绩数据'[专业代号]
,"预录人数",count('成绩数据'[专业代号]))
```

在数据视图中查看"预录取统计"表数据，如图 4-7 所示。

图 4-7 "预录取统计"表数据

4.3 实战：创建本月销量所占百分比

本节综合应用本章所学知识，在"销售数据"中创建"本月销量占比"列，计算当前行销量在本月总销量中所占的百分比，如图 4-8 所示。具体操作步骤如下。

V4-10 实战：创
建本月销量所占
百分比

（1）在侧边栏中单击"数据"按钮打开数据视图。

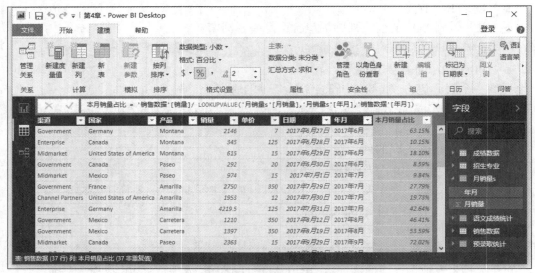

图 4-8　当前行销量在本月总销量中所占的百分比

（2）在"字段"窗格中单击"销售数据"表，将其设置为当前表。

（3）在"建模"选项卡中单击"新建列"按钮创建列，计算日期中的年月，公式如下。

年月 = YEAR('销售数据'[日期]) & "年" & MONTH('销售数据'[日期]) & "月"

（4）在"建模"选项卡中单击"新建表"按钮创建"月销量 s"表，公式如下。

月销量 s = SUMMARIZE('销售数据','销售数据'[年月],"月销量",sum('销售数据'[销量]))

（5）在"字段"窗格中单击"销售数据"表，重新将其设置为当前表。

（6）在"建模"选项卡中单击"新建列"按钮创建列，计算当前行销量在本月总销量中所占的百分比，公式如下。

本月销量占比 = '销售数据'[销量] / LOOKUPVALUE('月销量 s'[月销量],'月销量 s'[年月],'销售数据'[年月])

（7）在数据表中单击选中"本月销量占比"列，在"建模"选项卡中单击"格式"按钮打开下拉列表，在列表中选中"百分比"选项，用百分比格式显示"本月销量占比"列数据。

4.4　小结

本章首先介绍了 DAX 的语法规则、运算符、数据类型和上下文等基础知识，然后讲解了聚合函数、逻辑函数、数学函数、文本函数、信息函数、日期和时间函数、时间智能函数、筛选函数等 DAX 常用函数，并通过实例讲解了新建度量值、新建列和新建表等操作。

4.5　习题

1. 请说明在 DAX 公式中，度量值、列和表的引用规则。

2. 请解释什么是上下文。

3. 通过本章实例使用的 Excel 文件"第 4 章示例"（本书资源\chapter04\
第 4 章示例.xlsx）中的"销售数据"表，完成下列任务。

V4-11　习题 4-3

（1）计算每笔销售数据中的销售金额（销量*单价）。

（2）计算销售金额排名。

（3）统计每种商品在每一年的销售总金额。

第❺章 数据视图和管理关系

重点知识：

● 掌握数据视图的基本操作
● 掌握管理关系的相关操作

数据视图除了可以显示数据表数据之外，还可为数据表添加列、修改列名、排序等。关系视图用于查看和管理数据表之间的关系。

本章主要介绍数据视图和关系视图中的各种基本操作。

5.1 数据视图基本操作

数据视图用于检查和浏览 Power BI Desktop 模型中的数据，它与在查询编辑器中查看表、列和数据的方式有所不同。数据视图中的数据是已加载到模型之中的数据，也是最终在报表中使用的数据。

提示：本章使用 Excel 文件"第 5 章示例"（本书资源\chapter05\第 5 章示例.xlsx）中的"专业信息""报名信息""成绩数据"等 3 个表完成各个实例。

5.1.1 设置当前表

数据视图显示当前表中的数据。在"字段"窗格中单击表名称，即可将表设置为当前表。图 5-1 显示了"专业信息"表数据视图。

V5-1 设置当前表

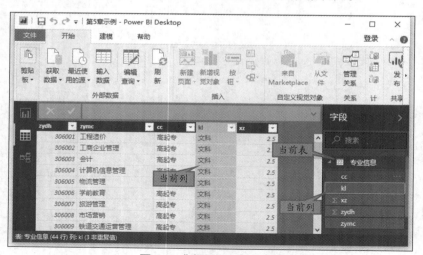

图 5-1 "专业信息"表数据视图

数据视图以表格的方式显示当前表数据。Power BI Desktop 对表执行的各种计算，总是按行、列进行的。

窗口最下方的状态栏显示了表名称、总行数、当前列名称和当前列中的非重复值数量等信息。

5.1.2 修改列名称

除了可在查询编辑器中更改列名称之外，还可在数据视图、关系视图和"字段"窗格中修改列名称，方法如下。

● 在数据视图显示的数据表格中，双击列标题使其进入编辑状态，然后修改列名。

● 在数据视图显示的数据表格中，右键单击列的任意位置，在快捷菜单中选择"重命名"命令，使列名进入编辑状态，然后修改列名。

● 在关系视图中，右键单击要修改的列，在快捷菜单中选择"重命名"命令，使列名进入编辑状态，然后修改列名。

● 在"字段"窗格中右键单击列名，在快捷菜单中选择"重命名"命令，使列名进入编辑状态，然后修改列名。

● 在"字段"窗格中双击列名，使列名进入编辑状态，然后修改列名。

实例 5-1 修改"专业信息"表的列名

本例中将"专业信息"表的列名修改为中文。具体操作步骤如下。

（1）在 Power BI Desktop 侧边栏中单击"数据"按钮，切换到数据视图。

（2）在"字段"列表中单击"专业信息"表名称，在数据视图中显示该表的数据。

（3）双击"zydh"列标题使标题进入编辑状态，输入新列名"专业代号"，按"Enter"键完成修改。再按同样的方法将"zymc"列名修改为"专业名称"，"cc"列名修改为"层次"。

（4）在"字段"列表中双击"专业信息"表的"kl"列名，使其进入编辑状态，输入新列名"科类"，按"Enter"键完成修改。再按同样的方法将"xz"列名修改为"学制"。

完成列名修改后的"专业信息"表数据视图如图 5-2 所示。

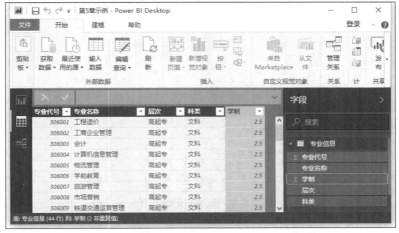

图 5-2 完成列名修改后的"专业信息"表数据视图

5.1.3　新建列

要创建新列，可先通过下列方式执行"新建列"命令。

● 在"建模"选项卡中单击"新建列"命令。

● 在数据视图中，右键单击数据表格，在快捷菜单中选择"新建列"命令。

● 在"字段"窗格中，右键单击表名称，在快捷菜单中选择"新建列"命令。

V5-3　新建列

执行"新建列"命令会打开公式编辑器，然后在公式编辑器中输入公式创建新列。新建列始终属于当前表。

第 4 章中已经介绍了如何为数据表添加列，这里不再赘述。

5.1.4　删除列

在不需要某个列时，可将其删除。列被删除后，意味着 Power BI Desktop 不再从数据源导入该列的数据。

可通过下列方式删除列。

● 在数据视图显示的数据表格中，右键单击要删除的列，在快捷菜单中选择"删除"命令。

V5-4　删除列

● 在"字段"窗格中，单击表名展开字段。然后右键单击要删除的列，在快捷菜单中选择"删除"命令。

● 在关系视图中，右键单击要删除的列，在快捷菜单中选择"删除"命令。

列被删除后，不能通过"撤销"操作来恢复。要重新在数据表中包含被删除的列，可编辑查询。在查询编辑器中，从查询的"查询设置"窗格的"应用的步骤"列表中，将删除列的步骤删除即可。

V5-5　排序和
筛选

5.1.5　排序和筛选

在数据视图中，单击列标题右侧的下拉按钮，可打开排序和筛选菜单，如图 5-3 所示。

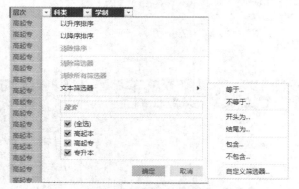

图 5-3　排序和筛选菜单

从菜单中可选择命令完成执行排序、清除排序、执行筛选和清除筛选等操作。在菜单的值列表中，未选中的值不会出现在数据表格中。

实例 5-2 按专业名称排序和筛选

本例在实例 5-1 完成列名称修改后，对"专业信息"表中的"专业名称"列进行排序，并只在数据表中显示"专升本"数据。具体操作步骤如下。

（1）在"专业信息"表的数据视图中单击"专业名称"列标题右侧的下拉按钮，然后在菜单中选择"以升序排序"。排序后的数据如图 5-4 所示。

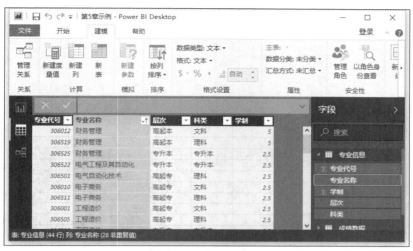

图 5-4　排序后的"专业信息"表数据

（2）单击"层次"列标题右侧的下拉按钮，然后在菜单的值列表中取消勾选"高起专""高起本"，最后单击"确定"按钮完成筛选。筛选后的数据如图 5-5 所示。

图 5-5　完成筛选后的"专业信息"表数据

5.1.6　更改数据类型和格式

在数据视图中，可以更改列的数据类型和显示格式。要更改列的数据类型，需先在数据表格中选中列，然后在"建模"选项卡中单击"数据类型"按钮打开快捷菜单，最后在菜单中选中要应用的类型。

要更改列的显示格式，同样需先在数据表格中选中列，然后在"建模"选项卡中单击"格式"按钮打开快捷菜单，最后在菜单中选中要应用的格式。

V5-6　更改数据
类型和格式

实例 5-3　修改"报名信息"表中"zy"列的数据类型

具体操作步骤如下。

（1）在"字段"列表中单击"专业信息"表名称，在数据视图中显示该表数据，如图 5-6 所示。

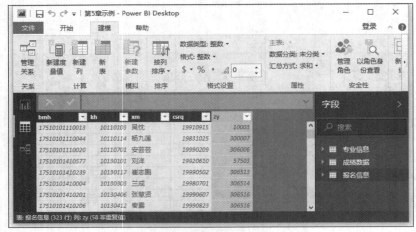

图 5-6　"专业信息"表数据

（2）单击"zy"列的任意位置使其成为当前列。在"建模"选项卡的"数据类型"按钮中可看到"zy"列的数据类型为"整数"。

（3）在"建模"选项卡中单击"数据类型"按钮，在快捷菜单中选择"文本"，将列的数据类型更改为"文本"。完成数据类型更改后的"专业信息"表数据如图 5-7 所示。

图 5-7　完成数据类型更改后的"专业信息"表数据

5.1.7　数据刷新

Power BI Desktop 采用不同的连接模式获取数据源数据时，只有实时连接不需要刷新（详见 2.1.2）。通过数据刷新操作，Power BI Desktop 才能从数据源获取最新的数据。

如果要刷新单个表，可右键单击"字段"窗格中的表名，然后在快捷菜单中选择"刷新数据"命令；或者在数据视图中右键单击数据表格，然后在快捷菜单中选择"刷新数据"命令。

V5-7 数据刷新

在"开始"选项卡中单击"刷新"按钮，可对所有数据表执行刷新操作。

5.2　管理关系

当报表使用多个数据表时，正确建立表之间的关系才能保证分析的准确性。

5.2.1　关系的基本概念

在 Power BI Desktop 中正确使用关系，首先需要理解下面的几个概念。

1. 基数

基数指两个关联表之间关联列的匹配关系。Power BI Desktop 中常用下列两种基数。

● 多对一（*:1）：这是最常见的默认类型，意味着主表中的关联列可具有多个值与关联表（常称为查找表）的关联列中的一个值匹配。例如，在"报名信息"表中，一个专业存在多人报名的情况，所以 zy（专业代码）会重复出现，而在"专业信息"中每个专业代码只出现一次。所以，"报名信息"表和"专业信息"表之间的关系就是"多对一"关系。"多对一"关系反过来就是"一对多"关系。

● 一对一（1:1）：这意味着两个表中的关联列中的值是一一对应关系。例如，在"报名信息"表和"成绩数据"表中，每个学生的数据只出现一次，两个表按 bmh（报名号）列建立的关系就是"一对一"关系。

> 提示：还有一种"多对多"关系，即两个表中关联列的一个值在另一个表都有多个值匹配。目前，"多对多"关系属于 Power BI Desktop 预览功能，这里不再详细介绍。

2. 交叉筛选器方向

两个表建立关系相当于两个表先做笛卡尔积（交叉），然后按关联列的值匹配（筛选）两个表中的行。建立关系后，两个表可当作一个表来用。交叉筛选器方向则指在一个表中如何根据关联列查找另一个表中的匹配行。

在创建关系时，交叉筛选器方向可设置为"双向"（两个）或"单向"（单个）。交叉筛选器方向设置为"双向"意味着从关联的两个表中的任意一个表，均可根据关联列查找另一个表中的匹配行。交叉筛选器方向设置为"单向"，则意味着只能从一个表根据关联列查找另一个表中的匹配行，反之则不行。

3. 默认关系

两个表之间可能会存在多个关系。对两个表执行计算时，总是按默认关系匹配两个表

中的行。在编辑关系时，选中"使此关系可用"选项，即可将关系设置为
默认关系。

5.2.2　自动检测关系

V5-8　自动检测
关系

在打开报表或刷新数据时，都会加载数据，此时会自动检测关系，并
自动设置基数、交叉筛选器方向和活动属性。

在"开始"选项卡中单击"管理关系"按钮，打开"管理关系"对话
框。在对话框中单击"自动检测"按钮可自动检测关系，如图 5-8 所示。

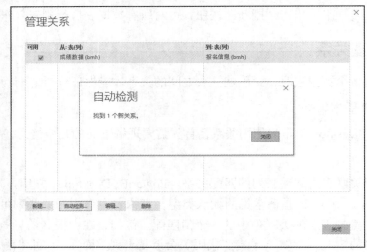

图 5-8　自动检测关系

图 5-8 中显示找到了一个关系。通常，在两个表存在名称和数据类型都相同的列时，
Power BI Desktop 自动根据该列为两个表建立关系。在不确定的情况下，Power BI Desktop
不会自动为表建立关系。

5.2.3　创建关系

可在"管理关系"对话框或者关系视图中创建关系。

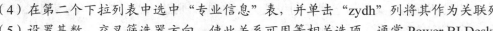

V5-9　创建关系

1. 在"管理关系"对话框中创建关系

实例 5-4　创建"报名信息""专业信息"表关系

具体操作步骤如下。

（1）在"开始"选项卡中单击"管理关系"按钮，打开"管理关系"对话框。

（2）在"管理关系"对话框中单击"新建"按钮，打开"创建关系"对话框，如
图 5-9 所示。

（3）在第一个下拉列表中选中"报名信息"表，并单击"zy"列将其作为关联列。

（4）在第二个下拉列表中选中"专业信息"表，并单击"zydh"列将其作为关联列。

（5）设置基数、交叉筛选器方向、使此关系可用等相关选项。通常 Power BI Desktop
会自动设置这些选项。

（6）单击"确定"按钮，完成关系的创建。

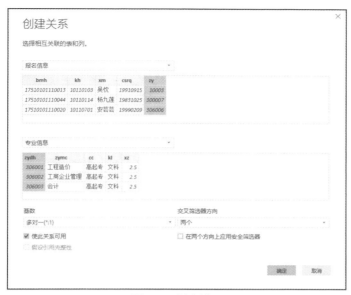

图 5-9　创建关系

2. 在关系视图中创建关系

图 5-10 显示了关系视图。图中显示了还没有为"报名信息""专业信息"表创建关系时的状态。此时，只需要从"报名信息"表中将"zy"列拖动到"专业信息"表中的"zydh"列上，即可完成关系的创建。

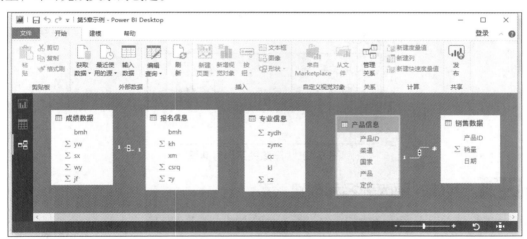

图 5-10　关系视图

5.2.4　编辑关系

要编辑关系，可在"管理关系"对话框中选中关系，然后单击"编辑"按钮打开"编辑关系"对话框，如图 5-11 所示。可以看到，编辑关系和创建关系的选项设置完全相同。

在关系视图中，如果想修改关系设置，可双击关系连线打开"编辑关系"对话框进行修改。

V5-10　编辑
关系

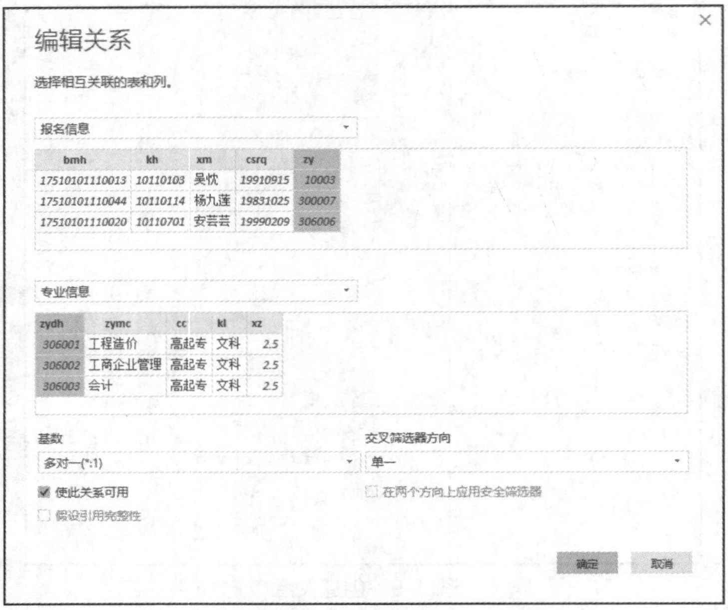

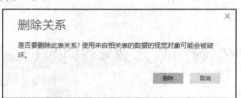

图 5-11　编辑关系

5.2.5　删除关系

要删除关系，可在"管理关系"对话框中选中关系，然后单击"删除"按钮打开"删除关系"对话框，如图 5-12 所示。在关系视图中，先单击关系连线，再按"Delete"键也可打开"删除关系"对话框。在对话框中单击"删除"按钮即可删除关系。

V5-11　删除
关系

删除关系

是否要删除此表关系? 使用来自相关表的数据的视觉对象可能会被破坏。

删除　　取消

图 5-12　"删除关系"对话框

5.3　实战：更改列名和创建关系

本节综合应用本章所学知识，将 Excel 文件"第 5 章示例"导入 Power BI Desktop 后，将"报名信息"表中的"zy"列名称修改为"zydh"，然后为"专业信息""报名信息"表创建关系。

具体操作步骤如下。

（1）在 Power BI Desktop 的"文件"菜单中选择"新建"命令，创建一个新报表。

（2）新建报表时，Power BI Desktop 会打开新的报表编辑窗口，并显示开始屏幕。在开始屏幕中选择"获取数据"选项，将 Excel 文件"第 5 章示例"中的"专业信息""报名信息""成绩数据"表导入 Power BI Desktop。

V5-12　实战：更
改列名和创建
关系

（3）在"开始"选项卡中单击"管理关系"按钮，打开"管理关系"对话框，如图 5-13 所示。从图中可以看到，Power BI Desktop 在加载数据时，只为"成绩数据""报名信息"两个表按"bmh"列创建了关系。

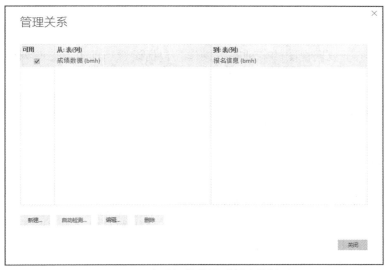

图 5-13　查看加载数据时创建的关系

（4）单击"关闭"按钮关闭"管理关系"对话框。

（5）在"字段"窗格中单击"报名信息"表名，展开列名。

（6）双击"zy"列名使其进入编辑状态，输入"zydh"，按"Enter"键完成列名修改。

（7）在"开始"选项卡中单击"管理关系"按钮，重新打开"管理关系"对话框。

（8）单击"新建"按钮，打开"创建关系"对话框 ，如图 5-14 所示。

图 5-14　为"专业信息""报名信息"表创建关系

（9）在第一个下拉列表中选中"专业信息"，然后在第二个下拉列表中选中"报名信息"。因为两个表都有"zydh"列，所以这两个列自动被选定为关联列。

（10）单击"确定"按钮，完成关系的创建。

5.4 小结

本章首先介绍了数据视图的各种基本操作，包括设置当前表、修改列名称、新建列、删除列、排序和筛选、更改数据类型和格式及数据刷新等。然后介绍了如何管理关系，主要包括关系的基本概念、自动检测关系、编辑关系和删除关系等。熟练掌握数据视图和关系管理操作，可以根据报表需求准备需要数据，以便更快、更好地完成报表。

5.5 习题

1. 请问可用哪些方法修改数据表的列名？
2. 请问可用哪些方法删除数据表的列？
3. 请问什么是关系的基数？Power BI Desktop 常用的基数有哪些？
4. 请问可用哪些方法创建关系？
5. 请问如何删除关系？

第❻章 报表

重点知识:

- 掌握报表的基本操作
- 掌握视觉对象的基本操作
- 掌握钻取的相关操作
- 掌握数据分组的相关操作
- 掌握视觉对象数据的相关操作
- 掌握报表主题的相关操作

Power BI 报表是数据集的多角度视图,即以可视化效果来展示数据和数据的各种统计分析结果,以帮助报表使用者进行决策。

本章将介绍报表和视觉对象的相关操作。

6.1 报表概述

6.1.1 报表特点

V6-1　报表概述

报表以单个数据集为基础。数据集可包含多个数据表,数据表可包含来自不同数据源的数据。报表通常采用视觉对象(可视化效果)来展示数据。视觉对象是动态的,可以与之交互。可以为视觉对象添加和删除数据,更改视觉对象类型,应用筛选器和切片器等。

6.1.2 报表与仪表板

报表和仪表板类似,都采用可视化的视觉对象来展示信息。仪表板是单个页面,通常称为画布。仪表板中的可视化效果称为磁贴。将报表固定到仪表板就会创建一个磁贴。表6-1列出了仪表板和报表之间的功能差异。

表 6-1　仪表板和报表之间的功能差异

功能	仪表板	报表
页面	一个页面	一个或多个页面
数据集	每个仪表板可包含多个报表或数据集	每个报表只有一个数据集,数据集可连接多个不同类型的数据源
可用于 Power BI Desktop	否	是
固定	只能将现有磁贴固定到其他仪表板	可将报表中的视觉对象或整个报表页面固定到仪表板

续表

功能	仪表板	报表
订阅	无法订阅仪表板	可以订阅报表页面
筛选	无法筛选或切片	可用多种方式筛选或切片
设置警报	警报条件满足时可发送电子邮件	否
精选报表	支持	不支持
自然语言查询	支持	不支持
更改可视化效果类型	不可以	可以
查看数据集表和字段	不可以	可以
可以创建可视化效果	只能通过"添加磁贴"操作向仪表板添加小部件	具有"编辑"权限，可创建许多不同类型的视觉对象、添加自定义视觉对象、编辑视觉对象等
自定义	支持移动和排列、调整大小、添加链接、重命名、删除和显示全屏等磁贴操作。数据和可视化效果本身是只读的	在"阅读"视图中可以发布、嵌入、筛选、导出、下载为.pbix 文件，查看相关内容，生成 QR 码，在 Excel 中进行分析等。在"编辑"视图中可以执行目前为止所提到的一切报表操作，甚至更多操作

6.2 报表基本操作

6.2.1 新建报表

在 Power BI Desktop 中，一个报表对应一个.pbix 文件。.pbix 文件可称为报表文件或者 Power BI 文件，它包含了报表和数据模型的相关信息。

如果不是打开已有的报表文件，Power BI Desktop 启动后会创建一个新的报表文件。在 Power BI Desktop 中选择"文件\新建"命令或者按"Ctrl+N"组合键，也可创建新的报表。

V6-2　报表基本操作

6.2.2 添加报表页

默认情况下，报表只有一个页面。报表可包含多个页面。可通过新建和复制两种方式来添加报表页。

1. 新建报表页

可通过下列方法新建报表页。

● 单击报表视图下方导航栏中的 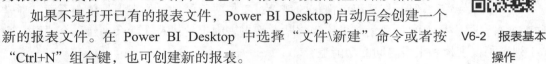（新建）按钮。

● 单击"开始"选项卡中的"新建页面"按钮。

● 单击"开始"选项卡中的"新建页面"下拉按钮打开菜单，在菜单中选择"空白页"命令。

2. 复制报表页

复制操作可以在报表中添加现有报表页面的副本。可通过下列方法复制报表页。

● 在报表视图下方导航栏中右键单击报表页标题，在快捷菜单中选择"复制页"命令。

● 单击"开始"选项卡中的"新建页面"下拉按钮打开菜单，在菜单中选择"复制页"命令。

6.2.3 修改报表页名称

新建的报表页默认名称为"第 n 页"。可通过下列方法修改报表页名称。

● 在报表视图下方的导航栏中右键单击报表页标题，在快捷菜单中选择"重命名页"命令，使标题进入编辑状态，再输入新的名称。最后，按"Enter"键或者单击标题之外的任意位置，完成修改。

● 也可双击报表页标题，使其进入编辑状态，然后修改名称。

6.2.4 删除报表页

可通过下列方法删除报表页。

● 在报表视图下方的导航栏中右键单击报表页标题，在快捷菜单中选择"删除页"命令，打开"删除此页"对话框，如图 6-1 所示。单击"删除"按钮完成删除操作。

图 6-1 删除报表页面

● 单击报表页标题栏右上角的☒（删除页）按钮，打开"删除此页"对话框，单击"删除"按钮完成删除操作。

6.3 视觉对象基本操作

视觉对象是报表的基本构成元素，本节介绍报表中视觉对象的基本操作。

6.3.1 为报表添加视觉对象

可通过下列方法为报表添加视觉对象。

● 在"字段"窗格中勾选要在视觉对象中使用的字段名，然后在"可视化"窗格中单击"视觉对象"按钮。勾选字段时，Power BI Desktop 在报表视图中添加默认的视觉对象来显示数据。在"可视化"窗格中单击视觉对象按钮，可更改视觉对象类型。

V6-3 为报表添加视觉对象

● 在"可视化"窗格中单击"视觉对象"按钮，将其添加到报表中。然后在"字段"窗格中勾选要在视觉对象中显示的字段，或者通过将"字段"窗格中的字段拖动到"可视化"窗格下方的"字段"选项卡的"值""轴"等选项中的方式来添加字段。

实例 6-1　创建产品销量簇状柱形图

实例资源文件：本书资源\chapter06\第 6 章示例.xlsx

具体操作步骤如下。

（1）在 Power BI Desktop 的"开始"选项卡中单击"获取数据"按钮，打开"获取数据"对话框，导入"第 6 章示例.xlsx"中的"销售数据"表。

（2）单击左侧导航栏中的"报表"按钮，打开报表视图。

（3）在"字段"窗格中单击"销售数据"表名，展开字段，勾选"Product""Sales"字段，将其添加到报表中。

（4）在"可视化"窗格中依次单击各个视觉对象，查看"Product""Sales"字段在不同视觉对象中的显示效果。图 6-2 显示了"Product""Sales"字段在簇状柱形图中的显示效果。

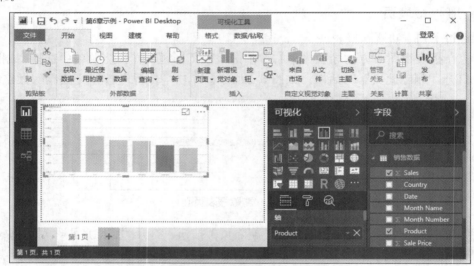

图 6-2　"Product""Sales"字段在簇状柱形图中的显示效果

（5）选择"文件\保存"命令保存报表，文件命名为"第 6 章示例"。

将视觉对象添加到报表之后，可单击其任意空白位置，然后拖动来移动位置。如果要调整视觉对象的大小，则单击视觉对象的任意位置，待视觉对象周边出现 8 个深色框柄时，拖动框柄即可调整视觉对象的大小。

6.3.2　复制、粘贴和删除视觉对象

可以通过复制、粘贴操作来创建视觉对象。首先在报表视图中单击视觉对象，再按"Ctrl+C"组合键复制视觉对象，然后按"Ctrl+V"组合键粘贴视觉对象的副本。

粘贴的视觉对象通常与原视觉对象重叠，可将其拖动到其他位置。

V6-4　复制、粘贴和删除视觉对象

在不需要某个视觉对象时，可单击选中该视觉对象，然后按"Delete"键将其删除。也可单击视觉对象标题栏右侧的"更多选项"按钮，打开快捷菜单，在菜单中选择"删除"命令来删除该视觉对象。

6.3.3 视觉对象字段设置

为视觉对象添加了字段后，在"可视化"窗格下方的"字段"选项卡中可设置字段的相关选项。不同类型的视觉对象的"字段"选项卡内容有所不同。图 6-3 显示了产品销量簇状柱形图的"字段"选项卡。

V6-5 视觉对象
字段设置

图 6-3　产品销量簇状柱形图的"字段"选项卡

产品销量簇状柱形图的"字段"选项卡包含了轴、图例、值、色彩饱和度、工具提示、视觉级筛选器、页面级筛选器、报告级别筛选器和钻取等相关设置，与大多数视觉对象的选项设置类似。

1. 轴

在簇状柱形图中，轴选项用于设置 x 轴显示的字段。可从"字段"窗格中将字段拖动到轴选项的字段列表中。要删除轴选项中的字段，可单击字段右侧的█按钮。单击字段右侧的█按钮，可打开快捷菜单，从菜单中可选择删除字段、重命名字段或者其他选项。

2. 图例

图例是以不同颜色显示的 x 轴中不同值的示例按钮。设置了图例选项后，图形就会用不同颜色进行区别。通常图例选项设置的字段与 x 轴字段相同，也可不同。

实例 6-2　为产品销量簇状柱形图添加图例

实例资源文件：本书资源\chapter06\第 6 章示例.xlsx、第 6 章示例.pibx

打开在实例 6-1 中创建的"第 6 章示例"报表，单击选中簇状柱形图。再从"字段"窗格中将"Product"字段拖动到"可视化"窗格的"字段"选项卡的"图例"选项中，从而为产品销量簇状柱形图添加图例。图 6-4 显示了添加了图例后的产品销量簇状柱形图。

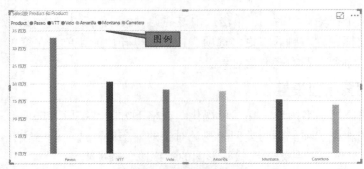

图6-4　添加了图例后的产品销量簇状柱形图

3. 值

在簇状柱形图中，值选项显示在 y 轴。簇状柱形图根据轴和值显示柱形图。

在产品销量簇状柱形图中，Sales 字段是数值类型，默认情况下显示默认汇总方式的结果。单击"值"选项中 Sales 字段右侧的 按钮，可打开快捷菜单更改字段汇总方式，如图6-5所示。

图6-5　值选项中 Sales 字段的快捷菜单

> **提示**：在"字段"窗格中单击选中字段后，在"建模"选项卡中单击"汇总方式"按钮，选择菜单中的汇总方式，可将其设置为字段的默认汇总方式。将字段添加到视觉对象中时，会按默认汇总方式显示字段数据。

4. 色彩饱和度

视觉对象可根据色彩饱和度变化来设置图形颜色。色彩饱和度选项可设置为值选项相同的字段，也可不同。因为图例是用某种特定颜色来确定柱形图颜色的。图例和色彩饱和度只能设置其中的一个，不能同时设置。

实例6-3　用色彩饱和度设置产品销量簇状柱形图颜色

实例资源文件：本书资源\chapter06\第 6 章示例.xlsx、第 6 章示例.pibx

具体的操作步骤如下。

（1）打开在实例 6-1 中创建的"第 6 章示例"报表。

（2）在"可视化"窗格的"字段"选项卡的"图例"选项中，单击"Product"字段右侧的 按钮将其删除。

（3）从"字段"窗格中将"Sales"字段拖动到"可视化"窗格的"字段"选项卡的"色

彩饱和度"选项中。图 6-6 显示了根据色彩饱和度显示的产品销量簇状柱形图。

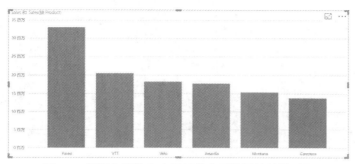

图 6-6 根据色彩饱和度显示的产品销量簇状柱形图

> **提示**：色彩饱和度默认按默认汇总方式的值设置图形颜色。可在色彩饱和度选项中，单击字段右侧的■■按钮，从快捷菜单中选择按其他汇总方式设置图形颜色，汇总方式可以不同于值字段的汇总方式。

5. 工具提示

工具提示指将鼠标指针指向视觉对象中的图形元素时显示的提示数据。默认情况下，簇状柱形图只在工具提示中显示轴和值字段的值。从"字段"窗格中将字段拖动到工具提示选项中，该字段的值可添加到工具提示中。

实例 6-4 为产品销量簇状柱形图添加工具提示

实例资源文件：本书资源\chapter06\第 6 章示例.xlsx、第 6 章示例.pibx
具体操作步骤如下。

（1）在产品销量簇状柱形图中将鼠标指针指向产品 VTT 的柱形图，查看默认工具提示。

（2）从"字段"窗格中将"Date"字段拖动到"可视化"窗格的"字段"选项卡的"工具提示"选项中。再将鼠标指针指向产品 VTT 的柱形图，查看工具提示。图 6-7 显示了默认提示和添加了字段后的提示。

图 6-7 默认提示和添加了字段后的提示

产品销量簇状柱形图中显示的是汇总数据，工具提示默认显示最小的 Date 字段值。可在工具提示选项中，单击 Date 字段右侧的■■按钮，从快捷菜单选择在工具提示中显示其他值。

6. 视觉级筛选器

视觉级筛选器用于为视觉对象数据设置筛选条件。默认情况下，添加到视觉对象的所有字段均包含在视觉级筛选器中。在视觉级筛选器列出的字段中单击■■按钮，可显示字段的筛选设置。

图 6-8 显示了产品销量簇状柱形图中 Sales、Product 和 Date 字段的视觉级筛选器选项。从图中可以看出，不同数据类型字段的筛选器设置有所不同。

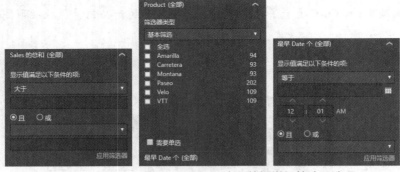

图 6-8　Sales、Product 和 Date 字段的视觉级筛选器选项

7. 页面级筛选器

页面级筛选器用于设置作用于当前报表页中所有视觉对象的筛选器。

8. 报告级别筛选器

报告级别筛选器用于设置作用于报表的所有报表页中所有视觉对象的筛选器。

9. 钻取

钻取选项包括保留所有筛选器和钻取字段。如果保留所有筛选器开关设置为"开"，则钻取到当前页面时，会保留源页面作用于钻取字段的所有筛选器。

钻取字段选项用于设置钻取时使用的筛选字段，图 6-9 显示了将 Product 字段作为钻取字段。图中显示了允许钻取的情

图 6-9　钻取选项设置

形是"用作类别"时，各字段可作为筛选类别，勾选某个字段时，视觉对象中就仅显示该字段数据图形。如果允许钻取的情形是"已汇总"，则不能执行钻取操作。

6.3.4　视觉对象格式设置

视觉对象"格式"选项卡可设置的选项包括常规、x 轴、y 轴、数据颜色、数据标签、绘图区、背景、锁定纵横比、边框、工具提示、视觉对象标头和标题等。在"格式"选项卡中单击选项标题即可展开或者隐藏选项的详细设置。

V6-6　视觉对象
格式设置

1. 常规格式设置

常规格式设置选项如图 6-10 所示，各选项的含义如下。

● 响应：设置为"开"时，视觉对象自动适应大小更改；设置为"关"时，视觉对象大小保持不变。

● X 位置：设置视觉对象左上角在报表页中的 x 轴坐标。报表页左上角为坐标原点。

● Y 位置：设置视觉对象左上角在报表页中的 y 轴坐标。

● 宽度：设置视觉对象宽度。

● 高度：设置视觉对象高度。

● 替换文字：设置视觉对象在屏幕阅读器中的说明文字。

2. x 轴格式设置

格式设置选项如图 6-11 所示。x 轴设置为 "开" 时，才可设置 x 轴的相关选项。

图 6-10　常规格式设置

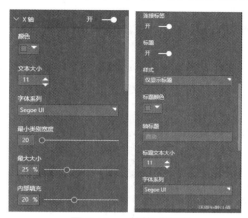

图 6-11　x 轴格式设置

x 轴的相关选项含义如下。

● 颜色：设置 x 轴的文字颜色。

● 文本大小：设置 x 轴的文字大小。

● 字体系列：设置 x 轴的文字字体。

● 最小类别宽度：设置视觉对象中每个类别图形的最小宽度。

● 最大大小：设置轴所允许的最大宽度百分比。

● 内部填充：设置类别宽度百分比表示的图形内部填充百分比。

● 连接标签：默认为 "开"，表示始终连接层次结构，而不是在视觉对象中直接绘制层级结构。

● 标题：设置为 "关" 时，不显示 x 轴标题。设置为 "开" 时，可设置 x 轴标题的样式、文字颜色、文字大小和字体等信息。

3. y 轴格式设置

y 轴格式设置选项如图 6-12 所示。y 轴设置为 "开" 时，才可设置 y 轴的相关选项。

图 6-12　y 轴格式设置

y 轴的相关选项含义如下。

● 位置：可设置 y 轴显示在视觉对象的左侧（默认）还是右侧。

● 缩放类型：设置 y 轴坐标刻度增量方式，默认的"线性"表示 y 轴坐标刻度之间的差值为 10。选择"日志"方式时，坐标刻度之间的倍数为 10。

● 开始：设置 y 轴坐标刻度的起始值。

● 结束：设置 y 轴坐标刻度的结束值。

● 颜色：设置 y 轴文字的颜色。

● 文本大小：设置 y 轴文字的大小。

● 字体系列：设置 y 轴文字的字体。

● 显示单位：设置 y 轴显示的单位。

● 值的小数位：设置值的小数部分显示位数。

● 标题：设置为"关"时，不显示 y 轴标题；设置为"开"时，可设置 y 轴标题的样式、文字颜色、文字大小和字体等信息。

● 网格线：设置为"关"时，不显示水平网格线。设置为"开"时，可设置网格线的颜色、宽度和样式等。

4. 数据颜色格式设置

数据颜色选项可设置显示数据的图形颜色，如图 6-13 所示。

5. 数据标签格式设置

数据标签设置为"关"时，不在图形中显示数据标签；设置为"开"时，则可显示数据标签，并可设置数据标签的相关选项，如图 6-14 所示。

图 6-13　数据颜色格式设置　　　　　　　图 6-14　数据标签格式设置

6. 绘图区格式设置

绘图区格式设置选项如图 6-15 所示。"透明度"选项用于设置绘图区的透明程度。单击"添加图像"按钮，可选择图片作为绘图区的背景图片。

7. 背景格式设置

背景设置为"开"时，可设置整个视觉对象（包括绘图区）的背景颜色和透明度，如图 6-16 所示。

图 6-15　绘图区格式设置

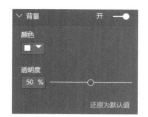

图 6-16　背景格式设置

8．锁定纵横比格式设置

锁定纵横比设置为"开"时，锁定视觉对象的高度和宽度纵横比；设置为"关"时，不锁定纵横比。

9．边框格式设置

边框设置为"开"时，为视觉对象显示边框，并可设置对象边框的颜色。边框设置为"关"时，不显示边框。

10．工具提示格式设置

工具提示设置为"开"时，鼠标指针指向图形时会显示提示数据；设置为"关"时，不显示提示。

11．视觉对象标头格式设置

视觉对象标头指可在视觉对象标题栏中显示的各种按钮。视觉对象标头设置为"开"时，可设置视觉对象标头的背景色、边框颜色和透明度，以及各种按钮是否显示等，如图 6-17 所示。

图 6-17　视觉对象标头格式设置

12．标题格式设置

标题设置为"开"时，在视觉对象标题栏中会显示标题，并可设置标题的文本、颜色、背景色、对齐方式、文字大小和字体等，如图 6-18 所示。标题设置为"关"时，不显示标题。

实例 6-5　设置产品销量簇状柱形图数据标签和标题格式

实例资源文件：本书资源\chapter06\第 6 章示例.xlsx、第 6 章示例.pibx

具体操作步骤如下。

（1）在"可视化"窗格中单击"格式"选项卡中的标题，显示格式设置选项卡。

（2）将"数据标签"设置为"开"，在簇状柱形图中显示数据标签。

（3）将"标题"设置为"开"，显示标题设置选项。

（4）将标题文本修改为"产品销量"，字体颜色设置为"红色"，对齐方式设置为"居中"，文字大小设置为"16"。

完成设置后的产品销量簇状柱形图如图 6-19 所示。

图 6-18　标题格式设置

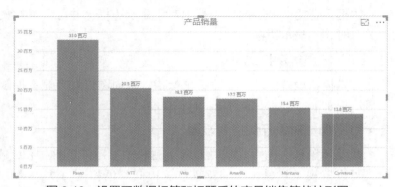

图 6-19　设置了数据标签和标题后的产品销售簇状柱形图

6.3.5　视觉对象分析设置

选中视觉对象后，在"可视化"窗格中单击"分析"选项卡标题栏，可显示视觉对象的分析设置选项卡，如图 6-20 所示。

从图中可以看到，可以为视觉对象添加各种辅助分析参考线，包括恒线（指定值）、最小值线、最大值线、平均线、中线和百分位数线等。

各种参考线的设置方法基本相同，下面以平均线为例说明如何添加分析参考线。

V6-7　视觉对象
分析设置

实例 6-6　为产品销量簇状柱形图添加平均值参考线

实例资源文件：本书资源\chapter06\第 6 章示例.xlsx、第 6 章示例.pibx

具体操作步骤如下。

（1）在报表页中单击选中产品销量簇状柱形图。

（2）在"可视化"窗格中单击"分析"选项卡标题，显示分析设置选项卡。

（3）单击"平均线"选项展开平均线设置。

（4）单击"添加"按钮添加平均值参考线。

（5）将"颜色"设置为"红色"，"透明度"设置为"0"，"线条样式"设置为"实线"。

（6）将"数据标签"设置为"开"，并将"水平位置"设置为"右"。图6-21显示了平均线选项设置。

图6-20 分析设置选项卡　　　　　　　　　　　图6-21 平均线选项设置

添加了平均线后的产品销量簇状柱形图如图6-22所示。

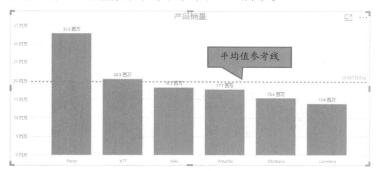

图6-22 添加了平均线后的产品销量簇状柱形图

6.4 钻取

钻取通常用于从当前页面跳转到数据项相关页面，也可用于从具有层级结构的视觉对象中跳转到其他级别。

6.4.1 钻取页面

要钻取页面，首先需要为报表添加一个页面，在该页面中创建需要的视觉对象，然后在"可视化"窗格的"字段"选项卡中设置"钻取"选项。这样，即可从其他报表页面钻取到该页面。

V6-8 钻取页面

设置了"钻取"选项后，报表页面左上角会添加一个跳转按钮，如图6-23所示。按住"Ctrl"键单击跳转按钮，可切换到前一个刚查看过的报表页面。

图6-23 跳转按钮

实例6-7 为报表添加产品销量详细数据表格，启用钻取

实例资源文件：本书资源\chapter06\第6章示例.xlsx、第6章示例2.pibx

本例在前面各个实例的基础上，添加了一个报表页面，在页面中创建一个表格显示产品销量的详细信息，并设置钻取选项启用钻取。

具体的操作步骤如下。

（1）单击报表视图下方导航栏中的 ➕ 按钮添加一个页面。

（2）在"字段"窗格中勾选"销售数据"表的"Segment""Country""Product""Sales""Date"字段。在"可视化"窗格的"格式"选项卡中，将"值"的文字大小设置为"16"。

（3）从"字段"窗格中将"销售数据"表的"Product"字段拖动到"可视化"窗格的"字段"选项卡中，将"钻取"选项设置为钻取字段。

（4）单击第 1 页报表标题选项卡，切换到报表第 1 页。在"可视化"窗格的"格式"选项卡中，将 x 轴的文字大小设置为"20"。

（5）在产品销量簇状柱形图中右键单击产品"VTT"，从快捷菜单中选择"钻取\第 2 页"命令，跳转到报表的第 2 页，如图 6-24 所示。可以看到，报表第 2 页使用了"VTT"作为筛选条件，只显示了产品 VTT 的销售数据。

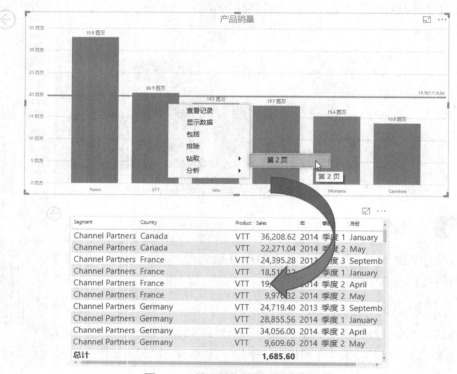

图 6-24　使用钻取跳转页面

（6）按住"Ctrl"键单击页面左上角的跳转按钮，返回报表的第 1 页。

（7）单击"产品销售"视觉对象，然后在"数据/钻取"选项卡中单击"钻取"按钮进入钻取模式。

（8）在钻取模式下，单击产品销量簇状柱形图中任意一个柱形图，会直接显示"钻取"菜单，如图 6-25 所示。选择"钻取\第 2 页"命令即可钻取到第 2 页。

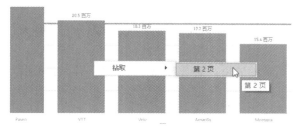

图 6-25 使用钻取模式

（9）再次在"数据/钻取"选项卡中单击"钻取"按钮退出钻取模式。

6.4.2 钻取层级结构

当视觉对象具有层级结构时，可使用钻取操作来查看层级结构中的数据。例如，在簇状柱形图中，当"可视化"窗格的"字段"选项卡的"轴"选项包含多个字段时，就构成了层级结构，每个层级结构中轴不同、值不变。"轴"选项中字段的先后顺序对应层次。

实例 6-8 为产品销量簇状柱形图添加层级结构

实例资源文件：本书资源\chapter06\第 6 章示例.xlsx、第 6 章示例 2.pibx

具体的操作步骤如下。

V6-9 钻取层级
结构

（1）在 Power BI Desktop 中选择"文件\另存为"命令，将报表另存为"第 6 章示例 2"。

（2）单击报表第 2 页标题选项卡中的"删除页"按钮，删除报表的第 2 页。

（3）在报表的第 1 页中，单击选中"跳转"按钮，按"Delete"键将其删除。

（4）单击选中"产品销量"视觉对象。

（5）从"字段"窗格中将"销售数据"表的"Country"字段拖动到"可视化"窗格的"字段"选项卡的"轴"选项中，放在原有的"Product"字段之后。再将"Segment"字段拖动到"轴"选项中，放在"Country"字段之后，如图 6-26 所示。

图 6-26 为簇状柱形图添加多个轴字段

（6）在"数据/钻取"选项卡中单击"向下钻取"按钮或者单击"产品销量"视觉对象标题栏中的⬇按钮，启用深化模式。

（7）启用深化模式后，在"产品销量"视觉对象中单击柱形图可切换到下一级视觉对象。切换到下一级视觉对象后，在"数据/钻取"选项卡或"产品销量"视觉对象标题栏中单击"向上钻取"按钮，可切换到上一级视觉对象。

（8）再次在"数据/钻取"选项卡中单击"向下钻取"按钮或者单击"产品销量"视觉对象标题栏中的⬇按钮，可退出深化模式。

（9）未启用深化模式时，单击"产品销量"视觉对象标题栏中的"转至层级结构中的下一级别"按钮或者在"数据/钻取"选项卡中单击"显示下一级别"按钮，也可切换到下一级视觉对象。

图 6-27 显示了按产品为 Velo、国家为 France 进行钻取时的层级结构变化。

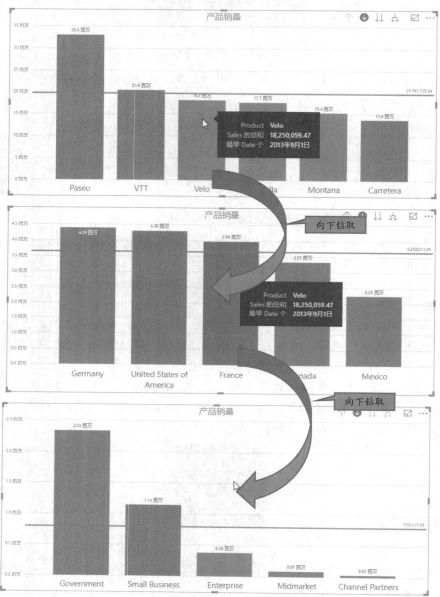

图 6-27　按产品为 Velo、国家为 France 进行钻取时的层级结构变化

在具有层级结构的视觉对象中，可在"数据/钻取"选项卡中单击"展开下一级"按钮切换到下一级。图 6-28 显示了在产品销量簇状柱形图中选择"展开下一级"时的各级视觉对象。可以看到，展开方式显示了下一级更详细的数据。

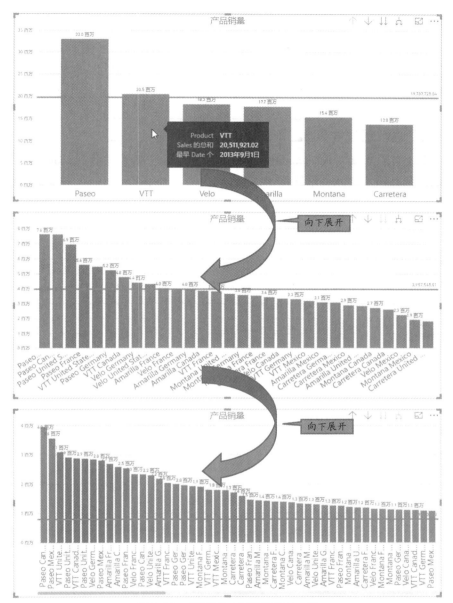

图 6-28　利用展开功能查看下一级

6.5　数据分组

Power BI Desktop 可采用两种方式对数据进行分组：列表和装箱。通常，文本类型的字段只能采用列表方式进行分组。数字和日期时间类型的字段可采用列表和装箱两种方式进行分组。

6.5.1　列表分组

采用列表方式分组时，视觉对象可用颜色来区分不同的组。可从视觉对象、"字段"窗格和数据视图创建分组。

V6-10　列表
分组

1. 从视觉对象创建列表分组

按住"Ctrl"键，在视觉对象中依次单击要加入同一个分组的图形。选择完毕后，右键单击选中的任意一个图形，在快捷菜单中选择"分组"命令完成列表分组。

如果视觉对象已经设置了"色彩饱和度"选项，或者在报表中启用了钻取，则不能采用这种方式创建列表分组。

实例 6-9　为产品销量簇状柱形图添加列表分组

实例资源文件：本书资源\chapter06\第 6 章示例.xlsx、第 6 章示例.pibx

本例中为产品销量簇状柱形图添加列表分组，将 VTT 和 Amarilla 两种产品分为一个组，其他产品为一个组。

具体操作步骤如下。

（1）打开"第 6 章示例"报表，按住"Ctrl"键，在产品销量簇状柱形图中依次单击 VTT 和 Amarilla，选中这个产品的柱形图。

（2）右键单击 VTT 柱形图，在快捷菜单中选择"分组"命令完成列表分组。

图 6-29 显示了分组后的产品销量簇状柱形图。图中 VTT 和 Amarilla 为一组，显示为一种颜色。其他产品为一组，显示为其他颜色。

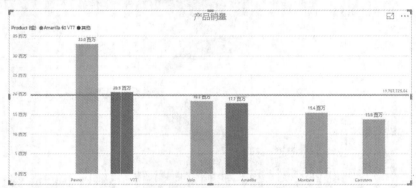

图 6-29　分组后的产品销量簇状柱形图

经过上述分组操作后，会为"销售数据"表创建一个"Product（组）"字段。如果需要取消分组，可在"字段"窗格中取消勾选"Product（组）"字段。再勾选"Product（组）"字段可直接为视觉对象添加分组。

在"字段"窗格中从"销售数据"表中删除"Product（组）"字段，则可彻底删除分组。

2. 从"字段"窗格或数据视图中创建列表分组

在"字段"窗格或数据视图中右键单击要分组的字段，在快捷菜单中选择"新建组"命令，打开"组"对话框，如图 6-30 所示。

在"组"对话框的"名称"框中，可设置分组名称。"字段"框显示了用于创建分组的字段，"组类型"默认为"列表"。

提示："组"对话框可自动识别分组字段的数据类型。因为 Product 字段为文本类型，所以只能采用列表分组。

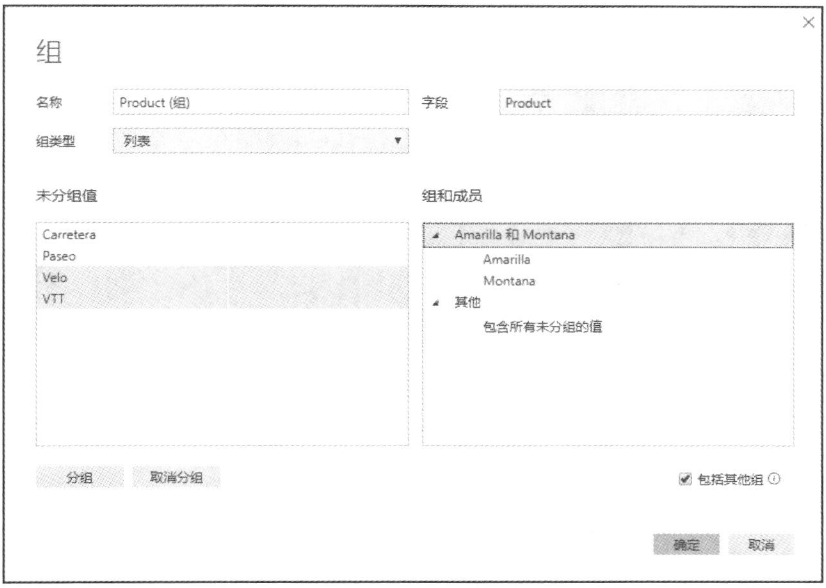

图 6-30　设置分组选项

在"未分组值"列表中，可按住"Ctrl"键单击各个值，然后单击"分组"按钮，将选中的值分为一个组。

"组和成员"列表列出了已有的分组和组中的成员。单击分组名称选中分组，再单击"取消分组"按钮，可取消分组。双击分组名称，可使分组名称进入编辑状态，以便将其修改为新的名称。

勾选"包括其他组"选项后，未分组的值将作为"其他"分组的成员。

如果需要修改现有的分组，则需要在"字段"窗格中右键单击分组字段，在快捷菜单中选择"编辑组"命令，打开"组"对话框进行修改。在"组"对话框中，创建组和编辑组的操作完成相同。

6.5.2　装箱分组

对于数字和日期时间类型的字段，可将数据表中的所有值按数量分组。

V6-11　装箱分组

在"字段"窗格或数据视图中右键单击要分组的字段，在快捷菜单中选择"新建组"命令，打开"组"对话框，如图 6-31 所示。

数字和日期时间类型的字段的默认分组类型为"箱"。图中所示的分组字段"Date"为日期时间类型，可采用"列表"或"装箱"两种方式进行分组，所以可从"组类型"列表中将分组类型改为"列表"。

"最小值""最大值"框中显示了分组字段的最小值和最大值。

在"装箱类型"列表中，可选择"装箱大小"或"装箱计数"作为装箱类型。选择"装箱大小"来分组时，需设置每一个箱中包含值的个数。选择"装箱计数"来分组时，则需设置总的箱数，箱中值的数量为值的总数除以箱数。

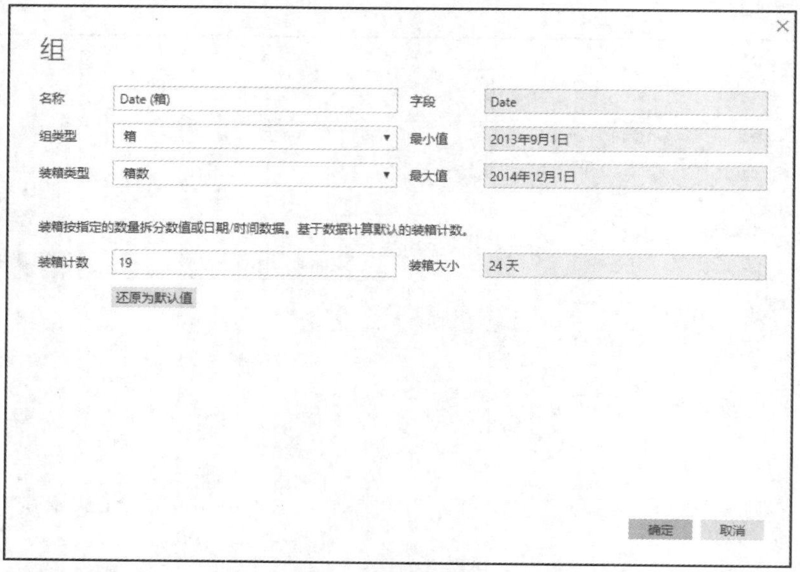

图 6-31　装箱分组

对于日期时间类型，还可进一步将日期时间拆分为年、月、日、时、分、秒等进行装箱。

实例 6-10　为产品销量簇状柱形图添加"Date"字段按月份分组

实例资源文件：本书资源\chapter06\第 6 章示例.xlsx、第 6 章示例.pibx

本例中为产品销量簇状柱形图添加"Date"字段按月份分组，每 3 个月为一组。

具体操作步骤如下。

（1）打开"第 6 章示例"报表，在"字段"窗格中右键单击"销售数据"表中的"Date"字段，在快捷菜单中选择"新建组"命令，打开"组"对话框，如图 6-32 所示。

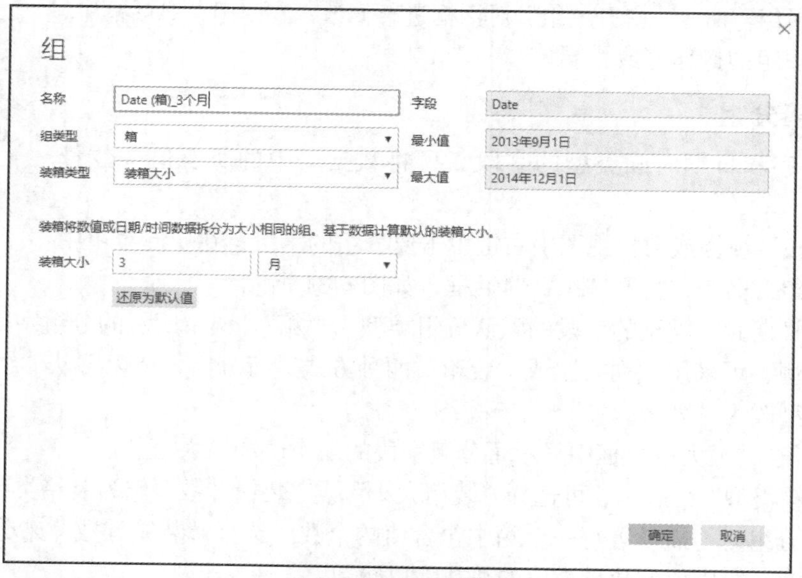

图 6-32　按月份装箱

（2）在"名称"框中将分组名称修改为"Date (箱)_3 个月"。

（3）在"装箱大小"框中将数字修改为"3"，在其后的列表中选中"月"。

（4）单击"确定"按钮完成装箱分组。

（5）在报表中单击选中产品销量簇状柱形图，然后在"字段"列表中勾选"Date (箱)_3 个月"字段。图 6-33 显示了按 Date 字段，每 3 个月一组进行装箱分组后的产品销量簇状柱形图。

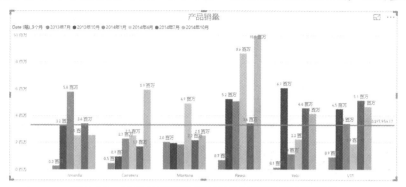

图 6-33　按月份装箱分组后的产品销量簇状柱形图

6.6　视觉对象数据

在阅读报表时可查看视觉对象关联的数据，并可将数据导出。

6.6.1　查看视觉对象数据

在报表中单击选中视觉对象后，可通过下列方法查看数据。

● 在"数据/钻取"选项卡中单击"查看数据"按钮。

● 右键单击视觉对象，在快捷菜单中选择"显示数据"命令。

● 单击视觉对象标题栏右侧的"更多选项"按钮打开菜单，在菜单中选择"显示数据"命令。

V6-12　视觉对
象数据

以实例 6-10 中的按月份装箱分组后的产品销量簇状柱形图为例，选择查看数据后，报表会同时显示图形和数据，如图 6-34 所示。

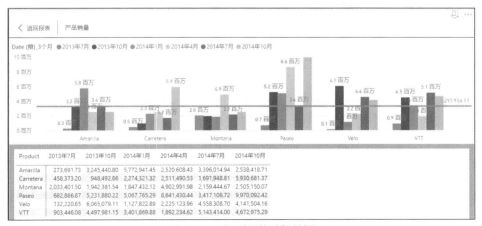

图 6-34　查看视觉对象数据

通常上半部分显示图形，下半部分显示数据。此时，单击标题栏右侧的"切换为竖排版式"按钮，可使图形和数据左右竖排，如图 6-35 所示。

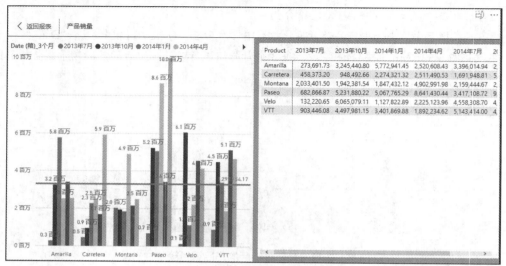

图 6-35　使用竖排版式

在查看数据状态下，单击视觉对象标题栏中的"返回报表"按钮或者在"数据/钻取"选项卡中单击"查看数据"按钮，可返回报表，并退出查看数据状态。

6.6.2　导出视觉对象数据

Power BI Desktop 允许将视觉对象关联的数据导出到文件。以实例 6-10 中的按月份装箱分组后的产品销量簇状柱形图为例，说明如何导出数据。

实例 6-11　导出产品销量簇状柱形图数据

实例资源文件：本书资源\chapter06\第 6 章示例.xlsx、第 6 章示例.pibx
具体的操作步骤如下。

（1）在报表中单击选中产品销量簇状柱形图。

（2）在产品销量簇状柱形图中单击标题栏右侧的"更多选项"按钮打开菜单。在菜单中选择"导出数据"命令，打开"另存为"对话框，如图 6-36 所示。

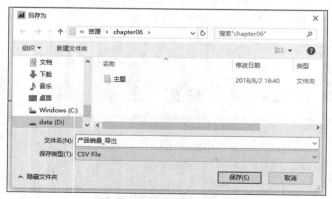

图 6-36　另存导出的数据

（3）在"另存为"对话框中选择文件夹，并设置文件名后，单击"保存"按钮完成数据导出。

导出文件为 CSV 格式，可用记事本打开文件查看其中的数据，如图 6-37 所示。

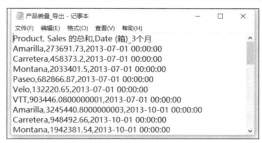

图 6-37　使用记事本查看导出的数据

6.7　报表主题

报表主题包含各种颜色设置，使用主题可以快速完成报表视觉对象颜色设置。

6.7.1　启用报表主题功能

本书完稿时，主题还是 Power BI Desktop 的预览功能，默认没有启用。要在报表中使用主题，首先需要启用该功能。

V6-13　报表主题

在 Power BI Desktop 中选择"文件\选项和设置\选项"命令，打开"选项"对话框，如图 6-38 所示。在左侧的选项列表中单击"预览功能"选项，在对话框右侧显示可用的预览功能。在预览功能列表中勾选"自定义报表主题"，然后单击"确定"按钮关闭对话框，完成启用自定义报表主题功能。

图 6-38　"选项"对话框

启用自定义报表主题功能后，在"开始"选项卡中会出现"切换主题"按钮。

6.7.2　为报表应用主题

报表主题保存在 JSON 文件中。例如，Power BI 提供的 Power View 系列主题中的 Waveform 主题的代码如下。

```
{
    "name": "Waveform",
    "dataColors": ["#31B6FD", "#4584D3", "#5BD078", "#A5D028", "#F5C040",
"#05E0DB", "#3153FD", "#4C45D3", "#5BD0B0", "#54D028", "#D0F540", "#057BE0"],
    "background":"#FFFFFF",
    "foreground": "#4584D3",
    "tableAccent": "#31B6FD"
}
```

提示：Power View 系列主题的下载地址为 https://go.microsoft.com/fwlink/?linkid=843925。下载后解压缩，即可在 Power BI Desktop 中导入使用。

实例 6-12　为产品销量簇状柱形图应用主题

实例资源文件：本书资源\chapter06\第 6 章示例.xlsx、第 6 章示例.pibx

具体操作步骤如下。

（1）在"开始"选项卡中单击"切换主题"按钮，在打开的菜单中选择"导入主题"命令，打开"打开"对话框，如图 6-39 所示。

图 6-39　在"打开"对话框中选择主题文件

（2）在对话框中选中"Waveform"文件，单击"打开"按钮导入主题。成功完成导入后，Power BI Desktop 会显示图 6-40 所示的"导入主题"对话框。

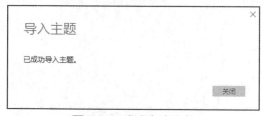

图 6-40　成功完成导入

（3）单击"关闭"按钮完成主题导入，导入的主题会被应用到当前报表中。报表中所有的视觉对象均按主题设置颜色。

应用了 Waveform 主题的产品销量簇状柱形图如图 6-41 所示。

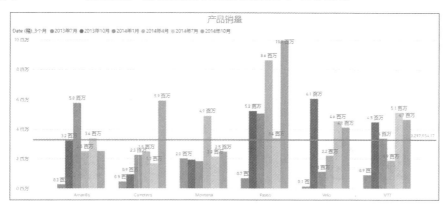

图 6-41 应用了 Waveform 主题的产品销量簇状柱形图

在"开始"选项卡中单击"切换主题"按钮，在打开的菜单中选择"默认主题"命令，可将报表恢复为 Power BI Desktop 的默认主题。

6.8 实战：创建日期销量簇状柱形图

V6-14 实战：创建日期销量簇状柱形图

本节综合应用本章所学知识，创建日期销量簇状柱形图，如图 6-42 所示。

图 6-42 日期销量簇状柱形图

实例资源文件：本书资源\chapter06\第 6 章示例.xlsx

具体操作步骤如下。

（1）启动 Power BI Desktop。

（2）在开始屏幕中单击"获取数据"选项，导入"第 6 章示例.xlsx"中的"销售数据"表。

（3）在"可视化"窗格中单击簇状柱形图按钮，将其添加到报表中。

（4）在"字段"窗格中依次勾选"销售数据"表中的"Sales""Date"字段，将其添加到报表中。

（5）拖动簇状柱形图左下角框柄，调整大小。此时，因为 Date 字段为日期时间类型，默认显示为日期层次结构，所以簇状柱形图中按年份显示了销量，如图 6-43 所示。

图 6-43　日期销量簇状柱形图的默认效果

（6）在"可视化"窗格的"字段"选项卡的"轴"选项中，单击 Date 字段的下拉按钮，在菜单中选择"Date"，即可按日期时间格式显示。更改后的日期销量簇状柱形图如图 6-44 所示。

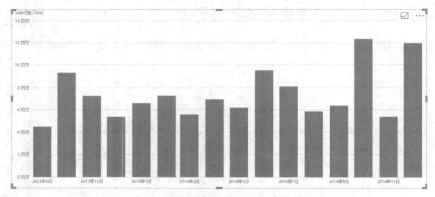

图 6-44　轴为日期时间格式的日期销量簇状柱形图

（7）在"可视化"窗格的"格式"选项卡中，将 x 轴和 y 轴的文字大小设置为 20，"数据标签"设置为"开"，数据标签文本大小设置为"12"，报表标题文本设置为"日期销量"，颜色设置为红色，居中显示，文本大小设置为"24"。

（8）在"可视化"窗格的"格式"选项卡中，添加一条平均线，将颜色设置为红色，透明度设置为"20%"，将数据标签的开关设置为"开"，显示单位设置为"百万"。

（9）选择"文件\保存"命令保存报表，文件命名为"6.8 实战"。

6.9　小结

本章主要介绍了报表的特点、报表与仪表板的区别、新建报表、添加报表页、修改报表页名称、删除报表页、为报表添加视觉对象、复制/粘贴视觉对象、删除视觉对象、视觉对象字段选项设置、视觉对象格式设置、视觉对象分析设置、钻取、数据分组、导出视觉对象数据和报表主题等知识。这些知识属于报表和视觉对象的通用操作。下一章将进一步详细介绍各种视觉对象，本章所学内容将有助于下一章的学习。

6.10　习题

1. 请问报表和报表页有何区别？
2. 请问如何为报表添加和删除报表页？
3. 请问视觉对象的"字段"选项设置中，图例和色彩饱和度有何异同？
4. 请问钻取页面和钻取层级结构有何异同？
5. 请问列表分组和装箱分组有何异同？
6. 使用"第 6 章示例.xlsx"中的"销售数据"表，创建图 6-45 所示的日期销量折线图。

V6-15　习题 6-6

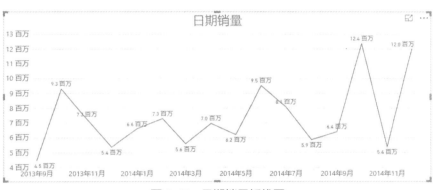

图 6-45　日期销量折线图

第 7 章 可视化效果

重点知识：
- 掌握简单对象的相关操作
- 掌握内置视觉对象的相关操作

Power BI 报表主要通过各种可视化效果向用户展示数据分析结果。在报表中可插入图像、形状、按钮和文本框等类型的简单对象，也可插入表现数据分析结果的柱形图、折线图、饼图等内置视觉对象。

本章将详细介绍如何在报表中插入简单对象和常用的内置视觉对象。

7.1 简单对象

可插入报表的简单对象包括图像、形状、按钮和文本框等。这些对象用于在报表中添加静态图像和信息。

7.1.1 插入图像

在"开始"选项卡中单击"图像"按钮，打开"打开"对话框，如图 7-1 所示。在对话框中选中图像文件后，单击"打开"按钮将图像插入到报表中；在"打开"对话框中双击图像文件，也可将其插入报表。

V7-1 插入图像

在"格式图像"窗格中，可设置图像的缩放、标题、背景、锁定纵横比、边框、操作、视觉对象标头和常规等格式，如图 7-2 所示。

图 7-1 "打开"对话框

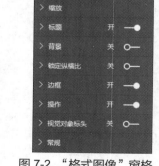

图 7-2 "格式图像"窗格

图像的各个格式设置的含义如下。

- 缩放：可设置图像按"正常""匹配度"或"填充"等方式进行缩放。
- 标题：选项设置为"开"时，可为图像设置标题，标题文字可设置文字颜色、背景颜色、文字大小、对齐方式和字体等选项。
- 背景：选项设置为"开"时，可设置图像的背景颜色和透明度。
- 锁定纵横比：选项设置为"开"时，在调整图像大小时可锁定纵横比。
- 边框：选项设置为"开"时，可设置图像的边框颜色。选项设置为"关"（默认）时，图像没有边框。
- 操作：选项设置为"开"时，可设置按住"Ctrl"键单击图像时执行的动作。图像操作类型包括"上一步"（使报表跳转到上一步操作时的状态）"书签"（使报表跳转到书签对应的状态）或"问答"（使报表跳转到问答）。
- 视觉对象标头：选项设置为"开"时，在图像标题栏中可显示各种按钮。
- 常规：包括图像位置的 x 轴、y 轴坐标，图像宽度、高度和替换文字等选项。

提示：可插入的图像、形状和按钮等对象本质上都是图像，其格式设置基本相同。

实例 7-1　为报表添加图像作为返回按钮

实例资源文件：本书资源\chapter07\return.jpg

本例创建一个报表，为报表添加两个报表页，在每个页面中添加一个图像作为返回按钮。具体的操作步骤如下。

（1）启动 Power BI Desktop，关闭开始屏幕。

（2）在"开始"选项卡中单击"图像"按钮，打开"打开"对话框。在对话框中找到 return.jpg，双击文件将其添加到报表中。

（3）在"图像格式"窗格中，将"操作"选项设置为"开"（默认操作为"上一步"）。

（4）在报表中单击选中图像，按"Ctrl+C"组合键复制图像。

（5）在"开始"选项卡中单击"新建页面"按钮，为报表添加一个页面。

（6）按"Ctrl+V"组合键，将复制的图像粘贴到报表的第 2 页中。复制的图像格式设置与原图像相同。

（7）按"Ctrl"键并单击图像，报表页面会发生切换，即插入报表的图像起到了"返回"作用。

图 7-3 显示了报表第 1 页和第 2 页中的图像。

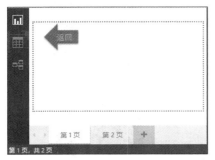

图 7-3　报表中的图像

7.1.2　插入按钮

按钮实质上是包含了预定义形状的图像。在"开始"选项卡中单击"按钮"按钮打开菜单，如图 7-4 所示。"按钮"快捷菜单中包含了"向左键""右箭头""重置""上一步""信息""帮助""问答""书签""空白"等按钮的插入命令。

插入按钮后，可在"可视化"窗格中设置按钮的格式，如图 7-5 所示。相比于插入的图像，插入的按钮不能进行"缩放"设置，但能进行"按钮文本""填充""边框"设置，其他格式设置都相同。

V7-2　插入按钮

图 7-4　"按钮"菜单

图 7-5　"可视化"窗格

按钮的"按钮文本"选项设置为"开"时，可为按钮添加文字，并可设置文字的颜色、大小、对齐方式和字体等相关选项。

按钮的"填充"选项设置为"开"时，可为按钮设置填充颜色和透明度等选项。

7.1.3　插入形状

在"开始"选项卡中单击"形状"按钮打开"形状"菜单，如图 7-6 所示。"形状"菜单中包含了预定义几何图形的插入命令。插入形状后，可在"设置形状格式"窗格中设置形状的"线条""填充""旋转""背景""锁定纵横比""边框""操作""视觉对象标头""标题""常规"等格式，如图 7-7 所示。

V7-3　插入形状

图 7-6　"形状"菜单

图 7-7　"设置形状格式"窗格

形状的"旋转"格式设置可将形状旋转一定角度。形状的其他格式设置与图像和按钮相同。

7.1.4　插入文本框

在"开始"选项卡中单击"文本框"按钮，可在报表中插入文本框。在文本框中编辑文本时，Power BI Desktop 会显示文本框编辑工具栏，如图 7-8 所示。

V7-4　插入文本框

文本框编辑工具栏可设置文本字体、字号、颜色、粗体、斜体、下划线、左对齐、居中、右对齐和链接等格式。

在"可视化"窗格中，可设置文本框的"背景""锁定纵横比""边框""视觉对象标头""标题""常规"等图形通用格式，如图 7-9 所示。

图 7-8　文本框和文本框编辑工具栏

图 7-9　"可视化"窗格

实例 7-2　在报表中用文本框创建链接

具体的操作步骤如下。

（1）在"开始"选项卡中单击"文本框"按钮，在报表中插入文本框。

（2）在文本框中输入"人民邮电出版社"，拖动鼠标选中输入的文字。

（3）在文本框编辑工具栏中单击"字体颜色"按钮右侧的下拉按钮，打开颜色列表，将字体颜色设置为红色。

（4）单击"字号"下拉按钮显示字号列表，将字号设置为"40"。

（5）拖动文本框边框并调整文本框大小。

（6）在文本框编辑工具栏中单击"插入链接"按钮，在工具栏中显示链接编辑框，如图 7-10 所示。

图 7-10　在文本框中插入链接

（7）在编辑框中输入链接后，单击"完成"按钮完成链接编辑。在文本框中，当焦点在链接文字中时，文本框编辑工具栏会显示链接地址，如图 7-11 所示。

图 7-11　文本框编辑工具栏显示链接地址

（8）单击链接地址可打开浏览器显示链接地址的 Web 页面。单击"编辑"按钮，可显示链接编辑框修改链接地址。单击"删除"按钮可删除链接。

7.2 内置视觉对象

本节主要介绍 Power BI Desktop 中各种常用的内置视觉对象。

7.2.1 堆积条形图和堆积柱形图

堆积条形图可在长条形图中显示子类数据，并根据数据的大小按比例分配条形图宽度，如图 7-12 所示（"百万""千"等单位为翻译后的原始单位）。图中的每一个条形图对应一个国家，条形图中不同的颜色对应该国不同产品的销售额（本章中的 Amarilla、Carretera、Montana、Paseo、Velo、VTT 为虚拟产品名，不具备真实含义）。

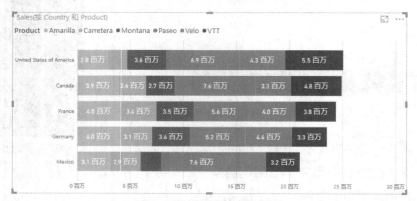

图 7-12　销售额堆积条形图

实例 7-3　创建销售额堆积条形图和销售额堆积柱形图

实例资源文件：本书资源\chapter07\第 7 章示例.xlsx

本例创建图 7-12 所示的销售额堆积条形图，显示各个国家中每种产品的销售额对比。其中，x 轴为销售额，y 轴为国家，图例为产品。图中用数据标签显示了每种产品的销售额。

具体的操作步骤如下。

（1）在 Power BI Desktop 中选择"文件\新建"命令新建一个报表，将"第 7 章示例.xlsx"中的"销售数据"表导入报表中。

V7-5　创建销售额堆积条形图和销售额堆积柱形图

（2）在"可视化"窗格中单击"堆积条形图"按钮，将其添加到报表中。

（3）从"字段"窗格中将"Product"字段拖动到"可视化"窗格的"字段"选项卡中的"轴"选项中，将"Sales"字段拖动到"值"选项中，将"Country"字段拖动到"图例"选项中。

（4）在"可视化"窗格的"格式"选项卡中，将标题、图例、x 轴、y 轴和数据标签的文字大小都设置为"14"。到此，完成了销售额堆积条形图设计，其效果如图 7-12 所示。

（5）在"可视化"窗格中单击"堆积柱形图"按钮，将视觉对象类型更改为堆积柱形图，效果如图 7-13 所示。更改后，x 轴为产品，y 轴为销售额，图例为国家。

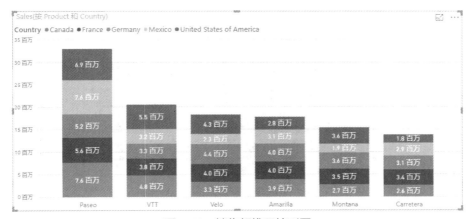

图 7-13　销售额堆积柱形图

（6）为了与销售额堆积条形图对比，需要在销售额堆积柱形图的 x 轴显示产品。所以，在"可视化"窗格的"字段"选项卡中，先从"图例"选项中将"Country"字段拖动到"轴"选项中，再从"轴"选项中将"Product"拖动到"图例"选项中，更改后的销售额堆积柱形图如图 7-14 所示。这样更改之后，再切换销售额堆积柱形图和销售额堆积条形图时，轴、图例和值选项设置就不会发生变化，仅仅是图形水平和垂直显示的区别。可将图 7-14 与图 7-12 进行对比，理解堆积条形图和堆积柱形图的异同。

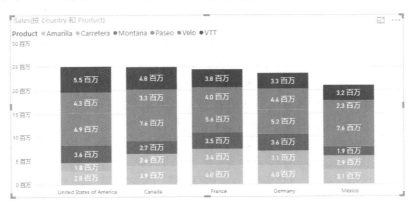

图 7-14　更改后的销售额堆积柱形图

提示：数字类型字段在视觉对象图形中的"值"总是按默认汇总方式计算所得的值。例如，在本例中的"值"选项字段为 Sales 数字类型，其默认汇总方式为求和，所以数据标签中显示的是每个国家某种商品销售额的总和。可在"可视化"窗格的"字段"选项卡中，单击"值"选项中字段名右侧的下拉按钮，从快捷菜单中选择其他汇总方式。

7.2.2　百分比堆积条形图和百分比堆积柱形图

百分比堆积条形图与百分比堆积条形图类似，只是按字段汇总值占总计的百分比计算绘图宽度，在图中数据标签显示百分比，如图 7-15 所示。

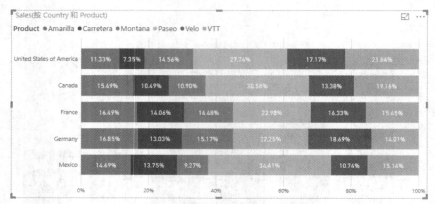

图 7-15　销售额百分比堆积条形图

实例 7-4　创建销售额百分比堆积条形图和销售额百分比堆积柱形图

实例资源文件：本书资源\chapter07\第 7 章示例.xlsx

具体的操作步骤如下。

（1）新建一个报表，将"第 7 章示例.xlsx"中的"销售数据"表导入报表中。

（2）在"可视化"窗格中单击"百分比堆积条形图"按钮，将其添加到报表中。

（3）在"字段"窗格中依次勾选"销售数据"表的"Sales""Country""Product"字段，将其加入百分比堆积条形图。

（4）调整百分比堆积条形图的大小，在"可视化"窗格的"格式"选项卡中，将标题、图例、x 轴、y 轴和数据标签的文字大小都设置为"14"。到此，完成了销售额百分比堆积条形图设计，其效果如图 7-15 所示。

（5）在"可视化"窗格中单击"百分比堆积柱形图"按钮，将视觉对象类型更改为百分比堆积柱形图，效果如图 7-16 所示。

V7-6　创建销售额百分比堆积条形图和销售额百分比堆积柱形图

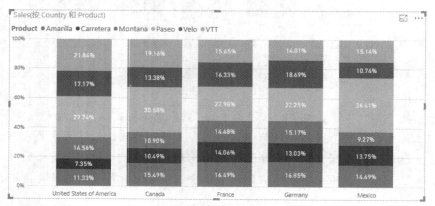

图 7-16　销售额百分比堆积柱形图

7.2.3　簇状条形图和簇状柱形图

前面两小节中介绍的各种堆积图，是在图形中分段显示子类的各个值。簇状图则用独立的图形显示子类的各个值，子类中各个值的图形放到一起，以此来显示数量对比。例如，图 7-17 显示了销售额簇状条形图，图中每个国家的各类产品构成一簇条形图。

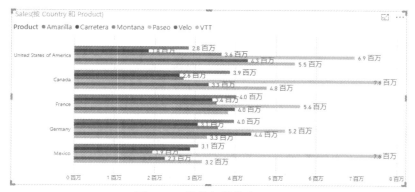

图 7-17　销售额簇状条形图

实例 7-5　创建销售额簇状条形图和销售额簇状柱形图

实例资源文件：本书资源\chapter07\第 7 章示例.xlsx

具体的操作步骤如下。

（1）新建一个报表，将"第 7 章示例.xlsx"中的"销售数据"表导入报表中。

（2）在"可视化"窗格中单击"簇状条形图"按钮，将其添加到报表中。

（3）在"字段"窗格中依次勾选"销售数据"表的"Sales""Country""Product"字段，将其加入簇状条形图中。

（4）调整簇状条形图的大小，在"可视化"窗格的"格式"选项卡中，将标题、图例、x 轴、y 轴和数据标签的文字大小都设置为"14"。到此，完成了销售额簇状条形图的设计，其效果如图 7-17 所示。

（5）在"可视化"窗格中单击"簇状柱形图"按钮，将视觉对象类型更改为簇状柱形图，效果如图 7-18 所示。

V7-7　创建销售额簇状条形图和销售额簇状柱形图

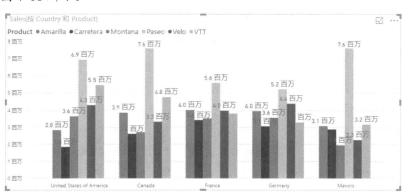

图 7-18　销售额簇状柱形图

7.2.4　折线图

折线图利用线段描述数据在时间上的变化趋势，如图 7-19 所示。

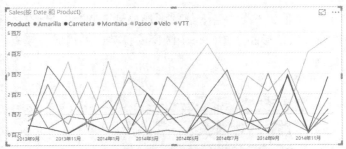

图 7-19 销售额折线图

实例 7-6 创建销售额折线图

实例资源文件：本书资源\chapter07\第 7 章示例.xlsx

本例将创建图 7-19 所示的销售额折线图，按日期显示各种产品的销售额对比。其中，x 轴为日期，y 轴为销售额，图例为产品。

具体的操作步骤如下。

（1）新建一个报表，将"第 7 章示例.xlsx"中的"销售数据"表导入报表中。

V7-8　创建销售额折线图

（2）在"可视化"窗格中单击"折线图"按钮，将其添加到报表中。

（3）从"字段"窗格中将"Sales"字段拖动到"可视化"窗格的"字段"选项卡的"值"选项中，将"Date"字段拖动到"轴"选项中，将"Product"字段拖动到"图例"选项中。

（4）"Date"字段默认显示为日期层级结构，这种情况下无法准确显示折线图。所以，在"可视化"窗格的"轴"选项中单击"Date"字段的下拉按钮，在快捷菜单中选择"Date"，即显示为日期而不是日期的层级结构。

（5）在"可视化"窗格的"格式"选项卡中，将标题、图例、x 轴和 y 轴的文字大小都设置为"14"。

7.2.5　分区图和堆积面积图

分区图（也称基本面积图）基于折线图，它将折线和 x 轴之间的区域使用颜色进行填充，显示总量随时间的变化趋势，如图 7-20 所示。

V7-9　创建销售额分区图和销售额堆积面积图

实例 7-7 创建销售额分区图和销售额堆积面积图

实例资源文件：本书资源\chapter07\第 7 章示例.xlsx

本例将创建图 7-20 所示的销售额分区图，按日期显示每种产品的销售额对比。其中，x 轴为日期，y 轴为销售额，图例为产品。

具体的操作步骤如下。

（1）新建一个报表，将"第 7 章示例.xlsx"中的"销售数据"表导入报表中。

（2）在"可视化"窗格中单击"分区图"按钮，将其添加到报表中。

（3）从"字段"窗格中将"Sales"字段拖动到"可视化"窗格的"字段"选项卡的"值"选项中，将"Date"字段拖动到"轴"选项中，将"Product"字段拖动到"图例"选项中。

（4）在"可视化"窗格的"字段"选项卡中，单击"轴"选项中的"Date"字段的下拉按钮，在快捷菜单中选择"Date"，即显示为日期而不是日期的层级结构。

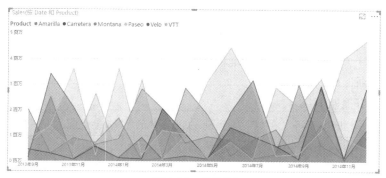

图 7-20 分区图

（5）在"可视化"窗格的"格式"选项卡中，将标题、图例、x 轴和 y 轴的文字大小都设置为"14"。

堆积面积图与分区图类似。在分区图中，图例所示的每种数据的面积图分层显示，重叠部分用相近颜色显示，每层图形均可看见。堆积面积图相当于分区图的升级版本，重叠的部分仅显示最外层的图形。

在报表中单击选中前面创建的销售额分区图，然后在"可视化"窗格中单击"堆积面积图"按钮，将视觉对象类型更改为堆积面积图，如图 7-21 所示。

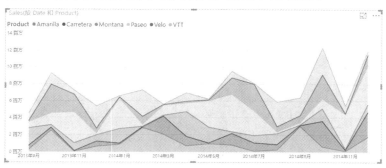

图 7-21 销售额堆积面积图

7.2.6 折线和堆积柱形图

折线和堆积柱形图属于组合图，可以在视觉对象中创建两个 y 轴。在图 7-22 所示的折线和堆积柱形图中，按日期同时显示了产品计数和销售额。

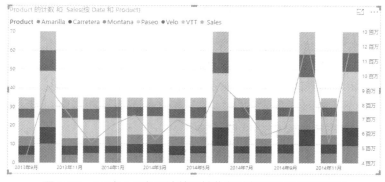

图 7-22 同时显示产品计数和销售额的折线和堆积柱形图

实例 7-8　创建同时显示产品计数和销售额的折线和堆积柱形图

实例资源文件：本书资源\chapter07\第 7 章示例.xlsx

本例将创建图 7-22 所示的折线和堆积柱形图，按日期显示每种产品的销售额及产品类别计数的对比。

具体的操作步骤如下。

（1）新建一个报表，将"第 7 章示例.xlsx"中的"销售数据"表导入报表中。

（2）在"可视化"窗格中单击"折线和堆积柱形图"按钮，将其添加到报表中。

V7-10　创建同时显示产品计数和销售额的折线和堆积柱形图

（3）从"字段"窗格中将"Sales"字段拖动到"可视化"窗格的"字段"选项卡的"行值"选项中，将"Date"字段拖动到"共享轴"选项中，将"Product"字段拖动到"列序列""列值"选项中。

（4）在"可视化"窗格的"字段"选项卡中，单击"轴"选项中"Date"字段的下拉按钮，在快捷菜单中选择"Date"，即显示为日期而不是日期的层级结构。

（5）在"可视化"窗格的"格式"选项卡中，将标题、图例、x 轴和 y 轴的文字大小都设置为"14"。

折线和簇状柱形图与折线和堆积柱形图类似。在报表中单击选中前面创建的折线和堆积柱形图，然后在"可视化"窗格中单击"折线和簇状柱形图"按钮，将视觉对象类型更改为折线和簇状柱形图，如图 7-23 所示。

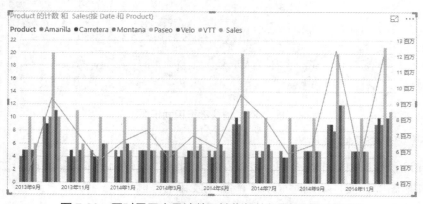

图 7-23　同时显示产品计数和销售额的折线和簇状柱形图

7.2.7　功能区图表

功能区图表用于直观显示数据，并快速确定哪个数据类别具有最高排名（最大值）。功能区图表能够高效地显示排名变化，并将每个时间段内的最高排名（值）显示在最顶部。图 7-24 显示了产品销售额功能区图表。

实例 7-9　创建产品销售额功能区图表

实例资源文件：本书资源\chapter07\第 7 章示例.xlsx

具体的操作步骤如下。

V7-11　创建产品销售额功能区图表

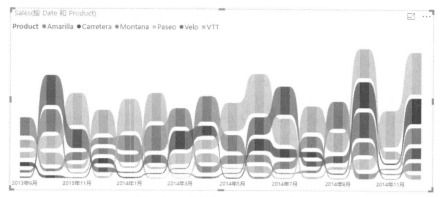

图 7-24　产品销售额功能区图表

（1）新建一个报表，将"第 7 章示例.xlsx"中的"销售数据"表导入报表中。

（2）在"可视化"窗格中单击"功能区图表"按钮，将其添加到报表中。

（3）从"字段"窗格中将"Sales"字段拖动到"可视化"窗格的"字段"选项卡的"值"选项中，将"Date"字段拖动到"轴"选项中，将"Product"字段拖动到"图例"选项中。

（4）在"可视化"窗格的"字段"选项卡中，单击"轴"选项中"Date"字段的下拉按钮，在快捷菜单中选择"Date"，即显示为日期而不是日期的层级结构。

（5）在"可视化"窗格的"格式"选项卡中，将标题、图例、x 轴和 y 轴的文字大小都设置为"14"，将"功能区"中的"间隔"选项设置为"10"。

7.2.8　瀑布图

瀑布图可以显示数量总计的变化（增加或减少），如图 7-25 所示。

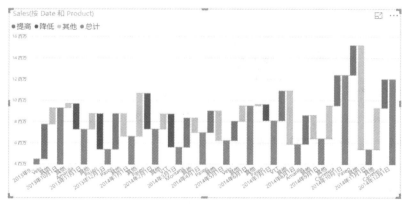

图 7-25　产品销售额瀑布图

实例 7-10　创建产品销售额瀑布图

实例资源文件：本书资源\chapter07\第 7 章示例.xlsx

具体的操作步骤如下。

（1）新建一个报表，将"第 7 章示例.xlsx"中的"销售数据"表导入报表中。

（2）在"可视化"窗格中单击"瀑布图"按钮，将其添加到报表中。

V7-12　创建产品销售额瀑布图

（3）从"字段"窗格中将"Sales"字段拖动到"可视化"窗格的"字段"选项卡的"Y轴"选项中，将"Date"字段拖动到"类别"选项中，将"Product"字段拖动到"细目"选项中。

（4）在"可视化"窗格的"字段"选项卡中，单击"类别"选项中"Date"字段的下拉按钮，在快捷菜单中选择"Date"，即显示为日期而不是日期的层级结构。

（5）在"可视化"窗格的"格式"选项卡中，将标题、图例、x 轴和 y 轴的文字大小都设置为"14"，将"细目"选项中的"最大细目数"设置为"1"。完成的产品销售额瀑布图如图 7-25 所示。

对于瀑布图，默认情况下显示两个细目的数据。在本例中，细目字段为"Product"，所以默认只显示两种产品的瀑布图。本例中将"最大细目数"设置为"1"，所以在图 7-25 中只显示了 Velo 产品的数据。如果想查看其他产品数据，可在"可视化"窗格的"字段"选项卡中，单击"视觉级筛选器"列表中的"Product（全部）"选项，显示其筛选选项，在选项列表中勾选产品名称，产品销售额瀑布图中即会显示该产品数据。

7.2.9　散点图

散点图有两个数值轴，其在 x 轴和 y 轴数值的交叉处显示点，同时将相关数据合并到各个数据点。数据点可能均衡或不均衡地分布在水平轴上。图 7-26 显示了产品销售额散点图。

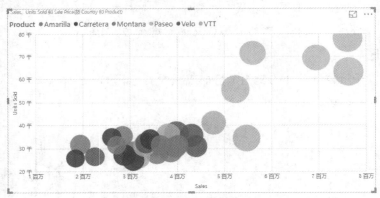

图 7-26　产品销售额散点图

实例 7-11　创建产品销售额散点图

实例资源文件：本书资源\chapter07\第 7 章示例.xlsx
具体的操作步骤如下。

（1）新建一个报表，将"第 7 章示例.xlsx"中的"销售数据"表导入报表中。

（2）在"可视化"窗格中单击"散点图"按钮，将其添加到报表中。

（3）从"字段"窗格中将"Country"字段拖动到"可视化"窗格的"字段"选项卡的"详细信息"选项中，将"Product"字段拖动到"图例"选项中，将"Sales"字段拖动到"X 轴"选项中，将"Units Sold"字段拖动到"Y 轴"选项中，将"Sales"字段拖动到"大小"选项中。

V7-13　创建产品销售额散点图

（4）在"可视化"窗格的"格式"选项卡中，将标题、图例、x 轴和 y 轴的文字大小都设置为"14"。完成的产品销售额散点图如图 7-26 所示。

散点图中点的默认形状为圆点，可以在"格式"选项卡的"形状"选项卡中设置相关选项，如图 7-27 所示。

散点图的形状选项设置如下。

● 大小：设置形状的大小缩放比例。

● 标记形状：设置形状类型，包括圆点、正方形、菱形和三角形。

● 自定义系列：设置为"开"时，可分别为每个系列（通常将图例字段作为系列值）设置形状类型。

图 7-28 显示了为 Montana 和 Paseo 两种产品设置了不同的形状。

图 7-27 "形状"选项卡

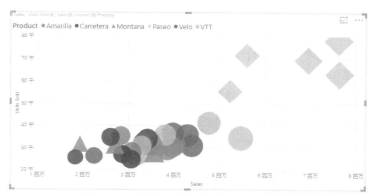

图 7-28 设置了自定义形状后的散点图

7.2.10 饼图和圆环图

饼图根据数量大小划分圆中的扇形区域，每个扇形用一种颜色进行填充。圆环图与饼图类似，只是中心是空的。

实例 7-12 创建产品销售额饼图和圆环图

实例资源文件：本书资源\chapter07\第 7 章示例.xlsx

具体的操作步骤如下。

（1）新建一个报表，将"第 7 章示例.xlsx"中的"销售数据"表导入报表中。

（2）在"可视化"窗格中单击"饼图"按钮，将其添加到报表中。

（3）在"字段"窗格中勾选"Product""Sales"字段。Power BI Desktop 自动将"Product"字段作为图例，将"Sales"字段作为值。

（4）在"可视化"窗格的"格式"选项卡中，将标题和详细信息标签的文字大小都设置为"14"。完成的产品销售额饼图如图 7-29 所示。

（5）在"可视化"窗格中单击"圆环图"按钮，将视觉对象更改为圆环图，如图 7-30 所示。

V7-14 创建产品销售额饼图和圆环图

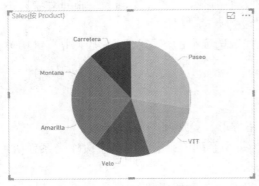

图 7-29　产品销售额饼图

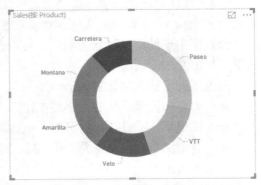

图 7-30　产品销售额圆环图

7.2.11　树状图

树状图将分层数据显示为一组嵌套矩形。一个着色矩形代表层次结构中的一个级别，该矩形包含子级别的小矩形。根据数量大小分配每个矩形的内部空间，从左上方（最大）到右下方（最小）按大小排列矩形。

实例 7-13　创建产品销售额树形图

实例资源文件：本书资源\chapter07\第 7 章示例.xlsx

具体的操作步骤如下。

（1）新建一个报表，将"第 7 章示例.xlsx"中的"销售数据"表导入报表中。

（2）在"可视化"窗格中单击"树形图"按钮，将其添加到报表中。

V7-15　创建产品销售额树形图

（3）在"字段"窗格中勾选"Country""Sales"字段。Power BI Desktop 自动将"Product"字段作为分组，将"Sales"字段作为值。

（4）在"可视化"窗格的"格式"选项卡中，将标题和类别标签的文字大小都设置为"14"。此时可获得初级树形图，如图 7-31 所示。

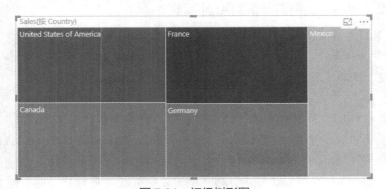

图 7-31　初级树形图

（5）从"字段"窗格中将"Product"字段拖动到"可视化"窗格"字段"选项卡的"详细信息"选项中，为树形图添加子级别，图形效果如图 7-32 所示。

图 7-32 两级树形图

提示：树形图中初级为"分组"字段数据，可在"格式"选项卡的"类别标签"中设置文字的字体、颜色和大小等选项。树形图中第二级为"详细信息"字段数据，可在"格式"选项卡的"数据标签"中设置文字的字体、颜色、单位、小数位和大小等选项。树形图"数据标签"默认为"关"，即不显示第二级数据。将"数据标签"设置为"开"，才能设置文字的相关选项。设置完成后再将"数据标签"设置为"关"，此时虽然不显示数据标签，但子类别名称仍会显示，文字颜色、大小等相关设置仍然有效。

7.2.12 漏斗图

漏斗图可以按数值的大小顺序绘制图形，如图 7-33 所示。

实例 7-14 创建产品销售额漏斗图

实例资源文件：本书资源\chapter07\第 7 章示例.xlsx

具体的操作步骤如下。

（1）新建一个报表，将"第 7 章示例.xlsx"中的"销售数据"表导入报表中。

（2）在"可视化"窗格中单击"漏斗图"按钮，将其添加到报表中。

V7-16 创建产品销售额漏斗图

（3）在"字段"窗格中勾选"Country""Sales"字段。Power BI Desktop自动将"Product"字段作为分组，将"Sales"字段作为值。

（4）在"可视化"窗格的"格式"选项卡中，将标题、数据标签和类别标签的文字大小都设置为"14"。将转化率标签颜色设置为红色，文字大小设置为"14"。此时获得的漏斗图如图 7-34 所示。

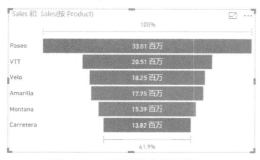

图 7-33 产品销售额漏斗图

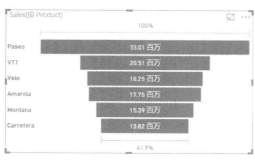

图 7-34 漏斗图

（5）从"字段"窗格中将"Sales"字段拖动到"可视化"窗格"字段"选项卡的"色彩饱和度"选项中，为各阶段图形设置不同颜色，图形效果如图 7-33 所示。

7.2.13 仪表图

仪表图也称径向仪表盘，用于显示单个值相对于目标的进度，如图 7-35 所示。图中，最小值为 0，最大值为 200.00 百万，当前值为 118.73 百万，目标值为 150.00 百万。

实例 7-15 创建销售额仪表图

实例资源文件：本书资源\chapter07\第 7 章示例.xlsx

具体的操作步骤如下。

（1）新建一个报表，将"第 7 章示例.xlsx"中的"销售数据"表导入报表中。

（2）在"可视化"窗格中单击"仪表"按钮，将其添加到报表中。

（3）在"字段"窗格中勾选"Sales"字段，将其作为仪表的值。此时，默认仪表图如图 7-36 所示。当前 Sales 字段总和（默认汇总方式）为 118.73 百万，仪表默认将最小值设置为 0，最大值设置为当前值（118.73 百万）的两倍。

V7-17 创建销售额仪表图

（4）在"可视化"窗格的"字段"选项卡中，可将数据表的字段设置为最小值、最大值和目标值。本例没有在数据表中预设 Sales 的最小值、最大值和目标值，所以不能通过字段来设置这些值。可在"可视化"窗格的"格式"选项卡的"测量轴"选项中设置自定义的最小值、最大值和目标值。本例中将最大值设置为"200000000"，目标值设置为"150000000"，如图 7-37 所示。

图 7-35 销售额仪表图

图 7-36 销售额默认仪表图

图 7-37 自定义仪表图测量值

（5）在"格式"选项卡中，将标题、数据标签和目标的文字大小都设置为"14"。完成的仪表图如图 7-35 所示。

7.2.14 卡片

卡片用于显示单个值，如图 7-38 所示。

实例 7-16 创建销售额卡片

实例资源文件：本书资源\chapter07\第 7 章示例.xlsx

具体的操作步骤如下。

V7-18 创建销售额卡片

（1）新建一个报表，将"第 7 章示例.xlsx"中的"销售数据"表导入报表中。

（2）在"可视化"窗格中单击"卡片"按钮，将其添加到报
表中。

（3）在"字段"窗格中勾选"Sales"字段。

（4）在"可视化"窗格的"格式"选项卡中，设置卡片的各种格
式。完成的卡片如图 7-38 所示。

图 7-38 销售额卡片

7.2.15　多行卡

多行卡以多行卡片的形式显示数据，如图 7-39 所示，图中显示了"Country""Product"
"Sales"字段值。拖动多行卡右侧的滚动条可查看其他未显示出来的数据。

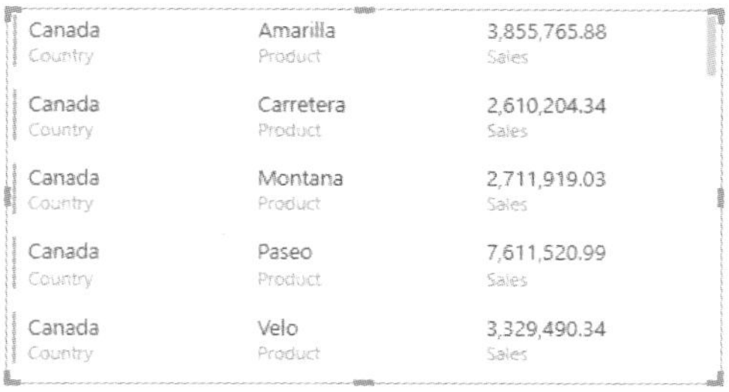

图 7-39　销售额多行卡

实例 7-17　创建销售额多行卡片

实例资源文件：本书资源\chapter07\第 7 章示例.xlsx

具体的操作步骤如下。

（1）新建一个报表，将"第 7 章示例.xlsx"中的"销售数据"表导
入报表中。

（2）在"可视化"窗格中单击"卡片"按钮，将其添加到报表中。

（3）在"字段"窗格中按顺序勾选"Country""Product""Sales"
字段。

V7-19　创建销
售额多行卡片

（4）在"可视化"窗格的"格式"选项卡中，将数据标签的文本大小设置为"14"，
将类别标签的文本大小设置为"12"。完成的卡片如图 7-39 所示。

7.2.16　KPI 图

KPI 主要用于衡量当前值与目标值的差异和走向趋势，如图 7-40 所示。

图 7-40　月销售额 KPI 图

在图 7-40 所示的月销售额 KPI 图中，在当前衡量周期内，最后一个月销售额汇总为 12.00 百万（指标），目标值为 8 百万，所以超额 49.98%（精确计算结果为 50%，Power BI 计算存在一定误差），超额完成时指标值显示为绿色，未完成时显示为红色。同时，KPI 图按月份显示了月销售额走向趋势。

实例 7-18　创建月销售额 KPI 图

实例资源文件：本书资源\chapter07\第 7 章示例.xlsx

具体的操作步骤如下。

（1）新建一个报表，将"第 7 章示例.xlsx"中的"销售数据"表导入报表中。

V7-20　创建月销售额 KPI 图

（2）在"建模"选项卡中单击"新建表"按钮，创建一个新表统计月销售额，公式如下。

```
月销售额 = SUMMARIZE('销售数据','销售数据'[Year],'销售数据'[Month Number],"月汇总",SUM('销售数据'[ Sales]))
```

（3）在"建模"选项卡中单击"新建度量值"按钮，创建月销售额目标度量值，公式如下。

```
月目标 = 8000000
```

（4）在"可视化"窗格中单击"KPI"按钮，将其添加到报表中。

（5）从"字段"窗格中将"月汇总"字段拖动到"可视化"窗格的"字段"选项卡的"指标"选项中，将"Month Number"字段拖动到"走向轴"选项中，将"月目标"度量值拖动到"目标值"选项中。

（6）将"Year"字段拖动到"页面筛选器"选项中，并将"筛选器类型"设置为"基本筛选"，勾选"2014"，即可在 KPI 中查看 2014 年各个月的销售额汇总 KPI。

（7）在"可视化"窗格的"格式"选项卡中，将标题文本大小设置为"20"。完成的 KPI 图如图 7-40 所示。

（8）在"可视化"窗格的"字段"选项卡的"页面筛选器"选项中取消选择"2014"，勾选"2013"，查看 2013 年各个月的销售额汇总 KPI，如图 7-41 所示（图 7-41 中精确计算结果为-32.875%，Power BI 计算存在一定误差）。

图 7-41　查看 2013 年各个月的销售额汇总 KPI

7.2.17　表格

表格用于在报表中以表格的方式显示数据，如图 7-42 所示。表格可对数值型字段计算总计。

实例 7-19　创建产品销售额表格

实例资源文件：本书资源\chapter07\第 7 章示例.xlsx

具体的操作步骤如下。

V7-21　创建产品销售额表格

Country	Product	Sales
Canada	Amarilla	3,855,765.88
Canada	Carretera	2,610,204.34
Canada	Montana	2,711,919.03
Canada	Paseo	7,611,520.99
Canada	Velo	3,329,490.34
Canada	VTT	4,768,754.31
France	Amarilla	4,016,427.13
France	Carretera	3,423,321.90
总计		118,726,350.26

图 7-42　用表格显示数据

（1）新建一个报表，将"第 7 章示例.xlsx"中的"销售数据"表导入报表中。

（2）在"字段"窗格中按顺序勾选"Country""Product""Sales"字段。

（3）在"可视化"窗格的"格式"选项卡中，将网格文本大小设置为"14"。完成的表格如图 7-42 所示。

7.2.18　矩阵

矩阵与表格类似，都按行、列显示数据，但矩阵可对行、列中的值进行汇总，如图 7-43 所示。

Product	Canada	France	Germany	Mexico	United States of America	总计
Amarilla	3,855,765.88	4,016,427.13	3,960,250.26	3,077,555.39	2,837,117.41	17,747,116.06
Carretera	2,610,204.34	3,423,321.90	3,062,340.68	2,879,601.42	1,839,839.55	13,815,307.89
Montana	2,711,919.03	3,527,382.37	3,566,044.37	1,941,329.31	3,644,126.80	15,390,801.88
Paseo	7,611,520.99	5,597,751.06	5,229,814.74	7,627,731.39	6,944,325.77	33,011,143.95
Velo	3,329,490.34	3,978,096.24	4,392,907.00	2,250,737.89	4,298,828.00	18,250,059.47
VTT	4,768,754.31	3,811,193.59	3,293,983.77	3,172,396.71	5,465,592.64	20,511,921.02
总计	24,887,654.89	24,354,172.28	23,505,340.82	20,949,352.11	25,029,830.17	118,726,350.26

图 7-43　产品销售额矩阵

实例 7-20　创建产品销售额矩阵

实例资源文件：本书资源\chapter07\第 7 章示例.xlsx

具体的操作步骤如下。

（1）新建一个报表，将"第 7 章示例.xlsx"中的"销售数据"表导入报表中。

（2）在"字段"窗格中按顺序勾选"Product""Country""Sales"字段。

V7-22　创建产品销售额矩阵

（3）在"可视化"窗格中单击"矩阵"按钮，将视觉对象更改为矩阵。

（4）在"可视化"窗格的"格式"选项卡中，将网格文本大小设置为"14"。完成的表格如图 7-43 所示。

默认情况下，矩阵会在矩阵的最末行和最末列显示总计，分别称为行小计和列小计。在"可视化"窗格的"格式"选项卡的"小计"选项中，可将行小计或列小计设置为"关"，则不会显示对应的小计。

7.2.19　切片器

切片器用于创建页面级的筛选器，如图 7-44 所示。图中包含一个矩阵、一个簇状柱形图和一个切片器。矩阵和柱形图仅显示在切片器中选中产品的数据。

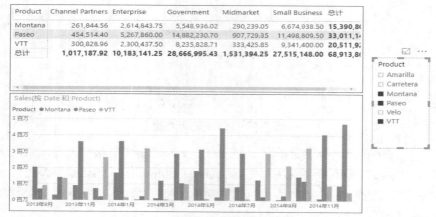

Product	Channel Partners	Enterprise	Government	Midmarket	Small Business	总计
Montana	261,844.56	2,614,843.75	5,548,936.02	290,239.05	6,674,938.50	15,390,8(
Paseo	454,514.40	5,267,860.00	14,882,230.70	907,729.35	11,498,809.50	33,011,1-
VTT	300,828.96	2,300,437.50	8,235,828.71	333,425.85	9,341,400.00	20,511,9;
总计	1,017,187.92	10,183,141.25	28,666,995.43	1,531,394.25	27,515,148.00	68,913,8(

图 7-44　使用切片器筛选页面数据

实例 7-21　创建产品切片器

实例资源文件：本书资源\chapter07\第 7 章示例.xlsx

具体的操作步骤如下。

V7-23　创建产品切片器

（1）新建一个报表，将"第 7 章示例.xlsx"中的"销售数据"表导入报表中。

（2）在"字段"窗格中按顺序勾选"Product""Country""Sales"字段。

（3）在"可视化"窗格中单击"矩阵"按钮，将视觉对象更改为矩阵。

（4）在"可视化"窗格的"格式"选项卡中，将网格的文本大小设置为"14"，"边框"设置为"开"。

（5）单击报表页面的空白位置，再在"可视化"窗格中单击"簇状柱形图"按钮，将其添加到报表中。

（6）从"字段"窗格中将"Sales"字段拖动到"可视化"窗格的"字段"选项卡的"值"选项中，将"Date"字段拖动到"轴"选项中，将"Product"度量值拖动到"图例"选项中。在"轴"选项中单击"Date"字段右侧的下拉按钮，在快捷菜单中选中"Date"，即直接显示日期而不是日期的层级结构。

（7）在"可视化"窗格的"格式"选项卡中，将图例、x 轴、y 轴和标题等选项的文本大小设置为"14"，"边框"设置为"开"。

（8）单击报表页面的空白位置，再在"可视化"窗格中单击"切片器"按钮，将其添加到报表中。再在"字段"窗格中勾选"Product"字段，将其添加到切片器中。

（9）在"可视化"窗格的"格式"选项卡中，将项目选项的文本大小设置为"14"，"边框"设置为"开"。

在没有选择任何选项时，切片器不为页面设置筛选条件，页面中其他视觉对象根据自身条件显示数据。

本例中，切片器使用的"Product"字段为文本类型，所以默认以列表的方式列出了"Product"字段的所有值作为筛选选项。可以单击切片器标题栏右侧的下拉按钮，在菜单中选择"下拉"选项，将切片器设置为下拉样式，如图 7-45 所示。下拉样式的切片器隐藏了筛选选项，只显示当前选中项，默认为"所有"。单击当前选中项，可显示或隐藏选项列表。

图 7-45　改变切片器样式

对以列表方式显示的切片器，可在"可视化"窗格的"格式"选项卡的"常规"选项中，将方向设置为"水平"。水平切片器的各个选项显示为按钮，如图 7-46 所示。默认情况下，水平切片器中选中的选项显示为黑色背景。

图 7-46　水平切片器

默认情况下，列表方式显示的切片器中各个选项前面会显示一个复选按钮。按住"Ctrl"键单击可同时选中多个选项。不按"Ctrl"键单击，只能选中一项。可在"可视化"窗格的"格式"选项卡的"选择控件"选项中设置是否显示"全选"选项和是否单选，如图 7-47 所示。

将"选择控件"选项中的"显示"全选"选项"设置为"开"时，可在切片器中显示"全选"选项，用于选中全部选项。"单项选择"选项默认为"关"，即在选项前显示复选按钮；将其设置为"开"时，在选项前显示单选框按钮，如图 7-48 所示。

 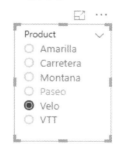

图 7-47　设置选择控件　　　　　　图 7-48　显示单选框按钮的切片器

对于日期时间或数值类型的字段，切片器允许通过输入或者滑块控件来设置筛选值。为本例中的报表增加一个切片器，将切片器字段设置为"销售数据"表的"Date"字段，切片器效果如图 7-49 所示。单击日期输入框，可在显示的日历表中选择日期，也可直接在输入框中输入日期。

单击日期切片器标题栏中的下拉按钮，在菜单中可更改切片器类型，如图 7-50 所示。日期切片器的类型如下。

● 介于：默认类型，可设置开始和结束日期。

● 之前：以最小日期为开始日期，保持不变，可设置结束日期。

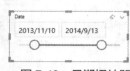
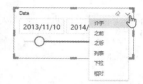

图 7-49　日期切片器　　　　　　　图 7-50　更改日期切片器类型

- 之后：以最大日期为结束日期，保持不变，可设置开始日期。
- 列表：以列表方式显示所有日期，与文本类型的切片器相同。
- 下拉：以下拉列表的方式显示日期，与文本类型的切片器相同。
- 相对：可设置最后几个数量的日期。

7.3　实战：创建专业计划分析报表

本节综合应用本章的所学知识，创建专业计划分析报表，如图 7-51　V7-24　实战：创所示。图中包含簇状柱形图和两个切片器。簇状柱形图显示了各个专业的 建专业计划分析招生计划数，年度切片器用于筛选年度，层次切片器用于筛选层次。 报表

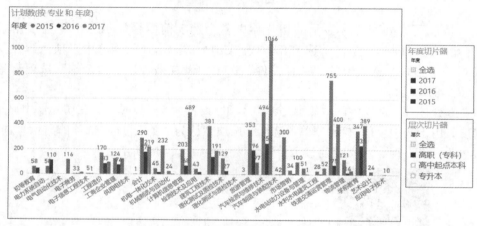

图 7-51　专业计划分析报表

实例资源文件：本书资源\chapter07\第 7 章示例.xlsx

具体的操作步骤如下。

（1）在 Power BI Desktop 中选择"文件\新建"命令新建一个报表，将"第 7 章示例.xlsx"中的"专业计划"表导入报表中。

（2）在"可视化"窗格中单击"簇状柱形图"按钮，将其添加到报表中。

（3）在"字段"窗格中依次勾选"销售数据"表的"专业""计划数"字段，将其加入簇状条形图。将"年度"字段拖动到"可视化"窗格的"字段"选项卡的"图例"选项中。

（4）调整簇状柱形图大小，在"可视化"窗格的"格式"选项卡中，将标题、图例、x 轴、y 轴和数据标签的文字大小都设置为"16"，边框选项设置为"开"。

（5）单击报表页面的空白位置，再在"可视化"窗格中单击"切片器"按钮，为报表添加一个切片器。

（6）在"字段"窗格中勾选"年度"字段，将其加入切片器中。在切片器中单击"选

择切片器类型"下拉按钮，在快捷菜单中选中"列表"，将切片器的类型更改为列表。

（7）在"可视化"窗格的"格式"选项卡中，将标题和项目的文本大小设置为"16"，标题文本设置为"年度切片器"，边框选项设置为"开"，将控件选项中的"显示"全选"选项"设置为"开"。

（8）单击报表页面的空白位置，在"可视化"窗格中单击"切片器"按钮，为报表添加一个切片器。

（9）在"字段"窗格中勾选"层次"字段，将其加入切片器中。

（10）在"可视化"窗格的"格式"选项卡中，将标题和项目的文本大小设置为"16"，标题文本设置为"层次切片器"，边框选项设置为"开"，选择控件选项中的"显示"全选"选项"设置为"开"。

（11）适当调整各个视觉对象的大小和位置。完成的报表如图 7-51 所示。

7.4　小结

本章首先介绍了如何在报表中插入图像、按钮、形状和文本框等简单对象，然后重点介绍了 Power BI Desktop 的各种常用内置视觉对象，包括堆积条形图、堆积柱形图、百分比堆积条形图、百分比堆积柱形图、簇状条形图、簇状柱形图、折线图、分区图和堆积面积图、折线和堆积柱形图、功能区图表、瀑布图、散点图、饼图、圆环图、树状图、漏斗图、仪表图、卡片、多行卡、KPI 图、表格、矩阵和切片器等。

7.5　习题

使用 Excel 文件"第 7 章示例.xlsx"中的"销售数据"表，完成下列各题。

V7-25　习题 7-1

1. 创建产品销量堆积条形图，如图 7-52 所示。

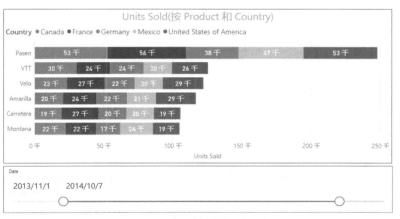

图 7-52　产品销量堆积条形图

2. 创建产品销量簇状柱形图，如图 7-53 所示。
3. 创建产品销量折线图，如图 7-54 所示。
4. 创建产品销量功能区图表，如图 7-55 所示。

V7-26　习题 7-2　　　　V7-27　习题 7-3　　　　V7-28　习题 7-4

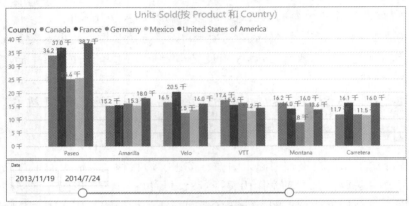

图 7-53　产品销量簇状柱形图

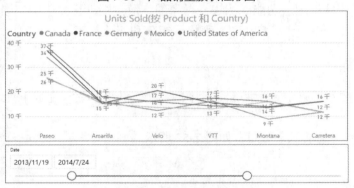

图 7-54　产品销量折线图

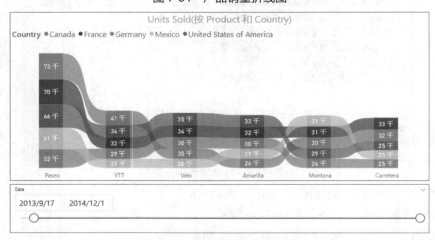

图 7-55　产品销量功能区图表

第 8 章 Power BI 服务

重点知识:

- 学会注册 Power BI 服务
- 学会在 Desktop 中使用 Power BI 服务
- 掌握 Power BI 服务中的报表操作
- 掌握仪表板的相关操作
- 学会在移动设备中使用 Power BI

Power BI 服务是一种 SaaS(软件即服务),可为用户提供在线 Power BI 功能服务,中国地区服务网址为 app.powerbi.cn。在 Power BI 服务中,用户可以创建报表和仪表板,并将其与其他用户进行分享。

本章将介绍常用的 Power BI 服务功能。

8.1 注册 Power BI 服务

目前,Power BI 在中国的营运由"世纪互联"(上海蓝云网络科技有限公司)负责。作为初学者,可注册免费账户来学习如何使用 Power BI 服务。Microsoft 在 Power BI 官网提供的免费注册功能目前没有针对中国地区开放,但可在"世纪互联"上注册试用账号。

8.1.1 注册试用账号

注册 Power BI 服务试用账号的具体操作步骤如下。

(1)访问"世纪互联"的 Power BI 报价页面,如图 8-1 所示。

V8-1 注册试用账号

图 8-1 访问"世纪互联"的 Power BI 报价页面

（2）在页面中单击"购买"链接，打开信息填写页面，如图 8-2 所示。

图 8-2　信息填写页面

（3）在页面中选择国家、地区，添加姓名、电子邮件、联系电话、公司名称，选择公司规模，然后单击"下一步"链接，打开创建用户 ID 页面，如图 8-3 所示。

图 8-3　创建用户 ID 页面

（4）在页面中输入用户 ID，页面可自动检测 ID 是否可用。在用户 ID 可用时，输入登录密码，然后单击"创建我的账户"链接，打开选择验证方式页面，如图 8-4 所示。

图 8-4　选择验证方式页面

（5）在页面中可选择"发送短信给我"或者"呼叫我"两种方式来完成验证。本例中选择短信方式，输入手机号，单击"发送短信给我"链接，打开输入验证码页面，如图 8-5 所示。

图 8-5　输入验证码页面

（6）在页面中输入收到的手机短信中的验证码，单击"下一步"链接，打开服务地址信息输入页面，如图 8-6 所示。

图 8-6　服务地址信息输入页面

（7）在页面中输入服务地址信息后，单击"下一步"链接，打开产品购买页面，如图 8-7 所示。

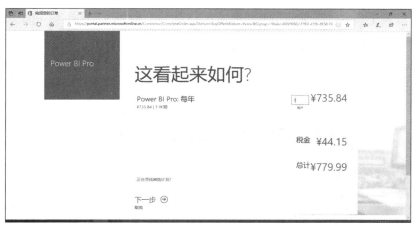

图 8-7　产品购买页面

（8）正式的 Power BI Pro 服务每年 735.84 元，要直接购买可单击页面中的"下一步"链接进行购买。本例中需要免费试用，所以单击页面中的"正在寻找其他计划？"链接，页面会保存注册的账户信息，并打开购买服务页面，如图 8-8 所示。

图 8-8　购买服务页面

（9）在页面中找到 Power BI Pro 服务的介绍内容，鼠标指针指向内容时，会显示"开始免费试用""立即购买"链接。单击"开始免费试用"链接，打开结账页面，如图 8-9 所示。

（10）在页面中单击"立即试用"链接，打开订单签收页面，如图 8-10 所示。

图 8-9　结账页面　　　　　　　　　　　图 8-10　订单签收页面

（11）Power BI Pro 可免费试用 30 天，并可授权 25 个用户使用。页面提示了要使用 Power BI Pro，还需要向用户授权。在页面中单击"继续"链接，打开 Power BI 账户管理中心主页，如图 8-11 所示。

图 8-11　Power BI 账户管理中心主页

（12）在页面中单击"添加用户"链接，打开"添加用户"选项卡，如图 8-12 所示。

图 8-12　添加用户

（13）输入用户的相关信息后，单击"添加"链接完成添加用户的操作，完成后会在选项卡中显示完成信息，如图 8-13 所示。

图 8-13　完成添加用户

（14）单击"发送电子邮件并关闭"链接，可将账户信息通过电子邮件发送给用户，同时关闭"添加用户"选项卡。

（15）在账户管理中心主页单击"活动用户"链接，打开活动用户管理页面。在页面中选中前面的步骤中注册和添加的两个用户，页面右侧会打开"批量操作"选项卡，如图 8-14 所示。

（16）单击"关闭"链接，完成授权。

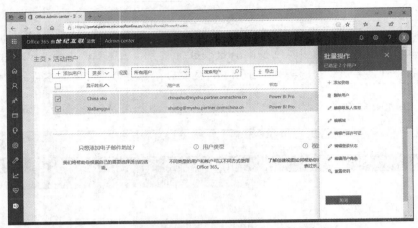

图 8-14　为用户授予 Power BI Pro 的使用权限

8.1.2　从 Power BI Desktop 登录

可从 Power BI Desktop 登录 Power BI 账户，然后打开浏览器访问 Power BI 服务。单击 Power BI Desktop 标题栏右侧的"登录"按钮，打开"登录"对话框，如图 8-15 所示。

V8-2　从 Power BI Desktop 登录

图 8-15　"登录"对话框

在对话框中输入用户 ID 后，单击"登录"按钮，打开"输入密码"对话框，如图 8-16 所示。

图 8-16　"输入密码"对话框

输入密码后，单击"登录"按钮完成登录。成功登录后，Power BI Desktop 标题栏右侧会显示用户名。单击用户名可打开操作菜单，如图 8-17 所示。

在操作菜单中选择"账户设置"命令，可打开浏览器，以当前用户身份登录 Power BI 服务，并显示账户设置页面。

在操作菜单中选择"Power BI 服务"命令，可打开浏览器，以当前用户身份登录 Power BI 服务，进入"我的工作区>获取数据"页面，如图 8-18 所示。

图 8-17　操作菜单

图 8-18　Power BI 服务的"我的工作区>获取数据"页面

8.2　在 Power BI Desktop 中使用 Power BI 服务

在 Power BI Desktop 中登录 Power BI 服务账户后，就可在本地使用与服务有关的功能，如使用自定义视觉对象和发布报表等。

8.2.1　使用自定义视觉对象

自定义视觉对象是开发人员使用视觉对象 SDK 创建的视觉对象。自定义视觉对象可部署为自定义视觉对象文件、组织视觉对象或者市场视觉对象。

V8-3　在 Power BI Desktop 中使用 Power BI 服务

实例 8-1　创建产品销量子弹图

实例资源文件：本书资源\chapter08\第 8 章示例.xlsx

具体的操作步骤如下。

（1）在 Power BI Desktop 的"开始"选项卡中单击"来自市场"按钮，或者在"可视化"窗格中单击"导入自定义视觉对象"按钮，然后在菜单中选择"从市场导入"命令，打开"Power BI 视觉对象"对话框，如图 8-19 所示。

图 8-19 "Power BI 视觉对象"对话框

（2）单击 Bullet Chart 右侧的"添加"按钮，开始导入子弹图。成功完成导入后会显示图 8-20 所示的对话框。

（3）单击"确定"按钮，完成导入。本例导入的子弹图在"可视化"窗格中的按钮名称为"Bullet Chart 1.8.0"。

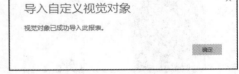

图 8-20 成功完成导入

（4）在"开始"选项卡中单击"获取数据"按钮，将"第 8 章示例.xlsx"中的"销售数据"表导入报表中。

（5）在"可视化"窗格中单击"Bullet Chart 1.8.0"，将子弹图添加到报表中。

（6）在"字段"窗格中勾选"销售数据"表中的"Product""Units Sold"字段。

（7）在"可视化"窗格的"格式"选项卡的"数据值"选项中，将"目标值"设置为"100000"，"目标值 2"设置为"200000"，"有待改善%"设置为"40"，"一般%"设置为"60"，"好%"设置为"90"，"很好%"设置为"150"，"最大%"设置为"200"。将类别标签和标题的文本大小设置为"14"。完成的子弹图如图 8-21 所示。

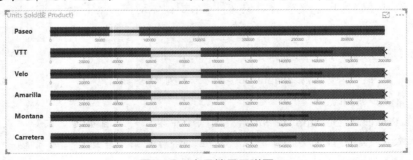

图 8-21 产品销量子弹图

（8）按"Ctrl+S"组合键，将报表保存为"实例 8-1"。

8.2.2　发布报表

实例 8-2　发布"实例 8-1"报表

具体的操作步骤如下。

（1）在 Power BI Desktop 的"开始"选项卡中单击"发布"按钮，打开"发布到 Power BI"对话框，如图 8-22 所示。

（2）作者使用的 Power BI 账户目前只有一个工作区，即"我的工作区"，所以直接单击"选择"按钮，开始将报表发布到 Power BI 服务。完成发布后，对话框显示的信息如图 8-23 所示。

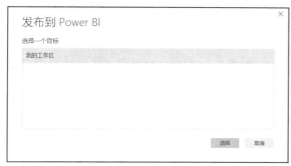

图 8-22　选择发布位置

图 8-23　完成发布

（3）单击"知道了"按钮，关闭对话框，结束发布操作。在对话框中选择"在 Power BI 中打开"实例 8-1.pibx""链接，可打开浏览器，并在 Power BI 服务中打开报表，如图 8-24 所示。

图 8-24　在 Power BI 服务中打开报表

将报表发布到 Power BI 后，可在移动设备（手机、PAD 等）的 Power BI 中查看报表。

8.3　Power BI 服务中的报表操作

在 Power BI 服务的"我的工作区"中，可管理仪表板、报表、工作簿和数据集等项目，如图 8-25 所示。

图 8-25　Power BI 服务的"我的工作区"

8.3.1　共享报表

图 8-25 显示了"我的工作区"中的"报表"选项卡，选项卡中列出了已有的报表。在报表的操作列中，单击 🔗 按钮，打开"共享报表"选项卡，如图 8-26 所示。

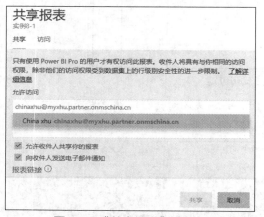

V8-4　共享报表

图 8-26　"共享报表"选项卡

在选项卡中输入用户 ID，然后单击"共享"按钮完成共享。完成共享后，用户可在 Power BI 服务的"与我共享"中查看共享内容，如图 8-27 所示。

图 8-27　查看共享内容

8.3.2 获取数据

在 Power BI 服务中创建报表之前，需要准备好数据。Power BI 服务可以从 Excel 文件、CSV 文件、Power BI Desktop 报表或者 Azure SQL 数据库中获取数据。

在 Power BI 服务中可以"导入"或者"上载"Excel 文件。"导入"Excel 文件时，只能导入文件中的"表"。打开 Excel 文件，选中数据后按"Ctrl+T"组合键，可将数据定义为"表"。Power BI 服务会创建一个数据集来保存导入的 Excel"表"。

"上载"是将 Excel 文件上传到 Power BI 服务，每个上传的 Excel 文件在 Power BI 服务中是一个工作簿。

实例 8-3 在 Power BI 服务中导入 Excel 文件

实例资源文件：本书资源\chapter08\第 8 章示例.xlsx

具体的操作步骤如下。

（1）在本地打开 Excel 文件"第 8 章示例.xlsx"。按"Ctrl+A"组合键选中全部数据，再按"Ctrl+T"组合键将选中的数据格式化为"表"。

V8-5 在 Power
BI 服务中导入
Excel 文件

（2）在 Power BI 服务左侧导航栏底部单击"获取数据"链接，打开工作区的"获取数据"页面，如图 8-28 所示。

图 8-28 "获取数据"页面

（3）单击"文件"框中的"获取"链接，打开文件来源类型选择页面，如图 8-29 所示。

图 8-29 选择文件来源类型

（4）从页面中可以看到，Power BI 可以从本地、OneDrive 或 SharePoint 获取数据。本例需导入本地 Excel 文件，所以单击"本地文件"链接，打开"打开"对话框，如图 8-30 所示。

图 8-30　选择本地文件

（5）在"打开"对话框中找到 Excel 文件"第 8 章示例.xlsx"，双击文件，返回 Power BI 服务。此时页面显示选择连接方式，如图 8-31 所示。

图 8-31　选择连接方式

（6）单击"导入"链接，执行数据导入操作。

8.3.3　创建报表

下面通过一个实例说明如何在 Power BI 服务中创建报表。

实例 8-4　在 Power BI 服务中创建报表

具体的操作步骤如下。

（1）在 Power BI 服务左侧导航栏中单击"我的工作区"链接，显示"我的工作区"的内容。

（2）单击"我的工作区"右上角的"创建"链接，打开菜单，如图 8-32 所示。

V8-6　在 Power BI 服务中创建报表

图 8-32　从"创建"菜单中新建项目

（3）在菜单中选择"报表"命令，打开"为该报表选择数据集"对话框，如图 8-33 所示。

图 8-33　"为该报表选择数据集"对话框

（4）在对话框中单击选中"第 8 章示例"，然后单击"创建"按钮，切换到报表设计器页面，如图 8-34 所示。报表设计器页面主要由工具栏、画布、"可视化"窗格和"字段"窗格等组成，与 Power BI Desktop 中的报表视图基本相同。

（5）在"可视化"窗格中单击"堆积条形图"按钮，将其添加到报表中。

（6）在"字段"窗格中勾选"Country""Product""Sales"字段。

（7）在"可视化"窗格的"格式"选项卡中，将图例、x 轴、y 轴和标题的文本大小均设置为"16"。完成的报表如图 8-35 所示。

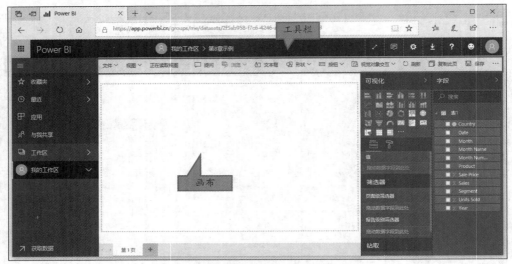

图 8-34　Power BI 服务中的报表设计器

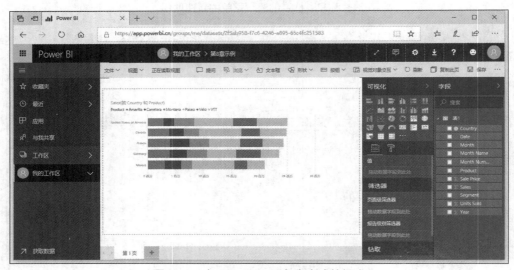

图 8-35　在 Power BI 服务中完成的报表

（8）单击工具栏中的"保存"按钮，打开"保存报表"对话框，如图 8-36 所示。在对话框中输入报表名称，单击"保存"按钮完成报表保存操作。

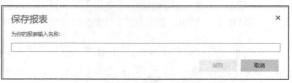

图 8-36　保存报表

8.4　仪表板

仪表板是一个画布，在其中可放置多个磁贴。可将报表中的视觉对象或者整个报表固定为磁贴。还可用 Web 内容、图像、文本框、视频或实时数据等资源创建磁贴。

仪表板的基本作用如下。

● 快速查看做出决策所需的所有信息。

● 监视有关业务的重要信息。

● 确保所有同事通过同一页面查看和使用相同的信息。

● 监视业务部门或市场营销的运行状况。

8.4.1 创建仪表板

实例 8-5 创建仪表板

具体的操作步骤如下。

（1）在 Power BI 服务的左侧导航栏中单击"我的工作区"链接，显示"我的工作区"的内容。

V8-7 创建仪表板

（2）单击"我的工作区"右上角的"创建"链接，打开菜单。在菜单中选择"仪表板"命令，打开"创建仪表板"对话框，如图 8-37 所示。

图 8-37 "创建仪表板"对话框

（3）在对话框中输入仪表板的名称，单击"创建"按钮创建仪表板。Power BI 服务创建仪表板后，会在"我的工作区"中打开该仪表板，如图 8-38 所示。新建的仪表板是一个空白的画布，其上方显示了仪表板工具栏。

图 8-38 新建的仪表板

8.4.2 创建磁贴

可通过下列方法创建磁贴。

● 在仪表板工具栏中单击"添加磁贴"按钮创建磁贴。

● 将报表中的视觉对象固定为磁贴。

● 将整个报表固定为磁贴。

● 将见解中的视觉对象固定为磁贴。

V8-8 创建磁贴

- 将问答固定为磁贴。
- 将 Excel 工作簿固定为磁贴。

实例 8-6　为仪表板添加 Web 内容磁贴

具体的操作步骤如下。

（1）在仪表板工具栏中单击"添加磁贴"按钮，打开"添加磁贴"窗格，如图 8-39 所示。

图 8-39　"添加磁贴"窗格

（2）单击选中"Web 内容"选项，然后单击"下一步"按钮，打开"添加 Web 内容磁贴"窗格，如图 8-40 所示。

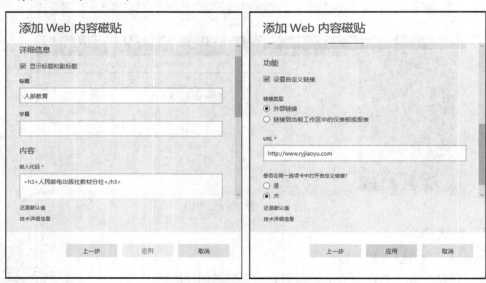

图 8-40　设置 Web 内容磁贴选项

（3）勾选"显示标题和副标题"选项，在"标题"框中输入"人邮教育"，在"嵌入代码"框中输入 HTML 代码"<h3>人民邮电出版社教材分社</h3>"。勾选"设置自定义链接"选项，在 URL 框中输入"http://www.ryjiaoyu.com"。最后，单击"应用"按钮，完成磁贴创建操作。

在 Web 内容的各个选项中，标题显示在磁贴标题栏中作为磁贴名称，字幕显示为磁贴的副标题。"嵌入代码"的内容可以是有效的 HTML 代码，将作为磁贴的显示内容。

本例中完成的 Web 内容磁贴在仪表板中的显示效果如图 8-41 所示。因为设置了自定义链接 URL，所以单击其标题栏可访问 URL。

图 8-41 完成的 Web 内容磁贴的效果

8.4.3 编辑磁贴

对磁贴可执行下列操作。

- 移动磁贴。
- 重设磁贴大小。
- 重命名磁贴。
- 向磁贴添加超链接。
- 将磁贴固定到其他仪表板上。
- 删除磁贴。

1. 移动磁贴

拖动磁贴标题栏，可将其移动到仪表板画布的其他位置。

2. 重设磁贴大小

仪表板会自动设置新建磁贴的大小。将鼠标指针移动到磁贴右下角，在指针变为双向箭头时，按住鼠标左键拖动，即可调整磁贴大小。

3. 重命名磁贴

将鼠标指针指向磁贴时，磁贴的标题栏右侧会出现"更多选项"按钮，单击按钮打开快捷菜单，在菜单中选择"编辑详细信息"命令，可打开"磁贴详细信息"窗格，如图 8-42 所示。在"标题"框中修改标题，作为磁贴新名称。

V8-9 编辑磁贴

图 8-42 "磁贴详细信息"窗格

4. 向磁贴添加超链接

将鼠标指针指向磁贴时，若鼠标指针显示为手形，则表示已为磁贴添加了超级链接，此时单击磁贴可跳转到链接目标。

默认情况下，单击磁贴后通常会转到用于创建此磁贴的报表、视觉对象、问答或 Excel 工作表等。如果需要转到网页、其他仪表板或报表，则需要为磁贴添加自定义链接。

单击磁贴标题栏右侧的"更多选项"按钮打开快捷菜单。在菜单中选择"编辑详细信息"命令，打开"磁贴详细信息"窗格，勾选"设置自定义链接"选项，即可为磁贴定义链接，如图 8-43 所示。图中分别显示了链接类型为"外部链接""链接到当前工作区中的仪表板或报表"时的选项设置。

图 8-43　设置磁贴自定义链接

设置自定义链接时，若链接类型为"外部链接"，则可在 URL 框中输入外部链接地址。若链接类型为"链接到当前工作区中的仪表板或报表"，则会显示"要链接到的仪表板或报表"下拉列表，从中可选择将仪表板或报表作为链接目标。

5. 将磁贴固定到其他仪表板上

单击磁贴标题栏右侧的"更多选项"按钮打开快捷菜单。在菜单中选择"固定磁贴"命令，打开"固定到仪表板"对话框。在对话框中可选择固定到现有仪表板或新建仪表板，如图 8-44 所示。选择固定到现有仪表板时，可从下方的下拉列表中选择仪表板。选择固定到新建仪表板时，需要输入新仪表板的名称。最后，单击"固定"按钮完成固定磁贴操作。

图 8-44　固定磁贴到仪表板

6. 删除磁贴

单击磁贴标题栏右侧的"更多选项"按钮打开快捷菜单。在菜单中选择"删除磁贴"命令，即可删除磁贴。

8.4.4 从 Excel 工作簿固定磁贴

下面通过实例说明如何从 Excel 工作簿固定磁贴。

实例 8-7 从 Excel 工作簿固定磁贴

实例资源文件：本书资源\chapter08\第 8 章示例.xlsx
具体的操作步骤如下。

V8-10 从 Excel 工作簿固定磁贴

（1）参照实例 8-3 将"第 8 章示例.xlsx"上载到 Power BI 服务。

（2）在"我的工作区"中打开"工作簿"选项卡，显示可用工作簿，如图 8-45 所示。

图 8-45 查看"我的工作区"中的"工作簿"选项卡

（3）单击"第 8 章示例"，在"Excel Online"中打开工作簿，如图 8-46 所示。

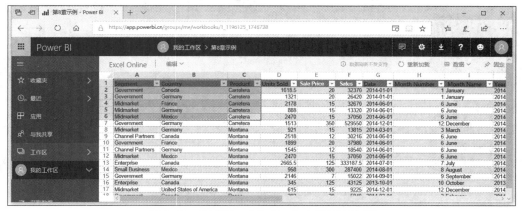

图 8-46 在"Excel Online"中打开工作簿

（4）在工作簿中拖动鼠标选中要在磁贴上显示的内容，然后单击"Excel Online"工具栏中的"固定"按钮，打开"固定到仪表板"对话框，如图 8-47 所示。

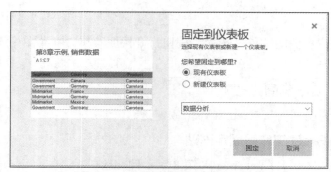

图 8-47 "固定到仪表板"对话框

（5）选择固定到现有的"数据分析"仪表板，单击"固定"按钮，完成固定磁贴的操作。在仪表板中，磁贴会显示在固定时从工作簿中选中的内容，如图 8-48 所示。

图 8-48 Excel 工作簿磁贴显示效果

V8-11 从报表固定磁贴

8.4.5 从报表固定磁贴

可将报表中的视觉对象或者整个报表固定为磁贴。在"我的工作区"的"报表"选项卡中单击报表名称打开报表阅读页面，如图 8-49 所示。

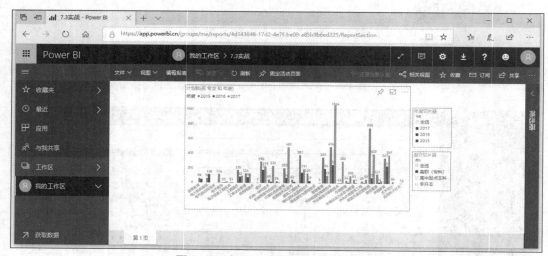

图 8-49 在 Power BI 服务中阅读报表

如果需要将整个报表固定为磁贴，则单击工具栏中的"固定活动页面"按钮，打开"固定到仪表板"对话框，如图 8-50 所示。选择了仪表板后，单击"固定活动"按钮，完成固定报表的操作。

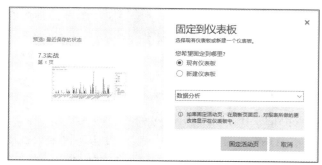

图 8-50 "固定到仪表板"对话框

如果需要固定报表中的视觉对象，可单击视觉对象标题栏中的"固定视觉对象"按钮，打开"固定到仪表板"对话框，如图 8-51 所示。选择了仪表板后，单击"固定"按钮，完成固定视觉对象的操作。

图 8-51　固定视觉对象

V8-12　仪表板
视图

8.4.6　仪表板视图

仪表板默认显示为 Web 视图，即通过 Web 浏览器查看仪表板时的显示视图，如图 8-52 所示。

图 8-52　仪表板 Web 视图

仪表板还可以电话视图的方式显示。电话视图是用户通过手机等移动设备查看时仪表

板的显示效果。在固定磁贴时，Power BI 服务总是会显示图 8-53 所示的对话框来提示创建

电话视图。在对话框中单击"创建电话视图"按钮，
转换到仪表板的电话视图。

在仪表板 Web 视图中，单击工具栏中的"Web
视图"按钮，在快捷菜单中选择"电话视图"命
令，也可切换到仪表板电话视图。首次切换时会
显示图 8-54 所示的提示对话框。单击"继续"按钮可切换仪表板视图。

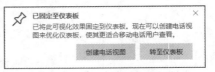

图 8-53　提示创建电话视图

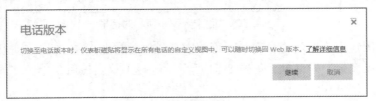

图 8-54　仪表板视图切换提示

图 8-55 显示了一个仪表板的电话视图。可通过调整磁贴大小、位置等来优化磁贴
排列。

图 8-55　仪表板在移动设备中的显示效果

8.5　在移动设备中使用 Power BI

Power BI 移动应用用于在移动设备中查看报表和仪表板并与之进行
交互，支持的移动设备可以是 iOS 设备、Android 手机/平板电脑或
Windows 10 设备。

V8-13　在移动
设备中使用
Power BI

8.5.1　登录 Power BI 服务

要在手机等移动设备中查看报表和仪表板，首先需要从应用市场中安

装 Power BI。首次启动时，Power BI 会在欢迎屏幕中显示简略的信息介绍，如图 8-56 所示。

图 8-56　Power BI 的简略信息介绍

可以左右滑动屏幕查看 Power BI 的简略信息介绍，点击屏幕右上角的"跳过"按钮，打开"开始浏览"屏幕，如图 8-57 所示。

点击"开始浏览"按钮，打开"Power BI 示例"屏幕，如图 8-58 所示。

图 8-57　开始浏览屏幕　　　　　图 8-58　Power BI 示例屏幕

屏幕中列出了用户身份角色示例类型，点击可查看相应的示例。例如，点击"销售副总裁"选项，可打开"销售副总裁"示例，如图 8-59 所示。

点击屏幕左上角的←按钮可返回 Power BI 示例屏幕，点击屏幕左上角的菜单按钮，可打开 Power BI 菜单，如图 8-60 所示。

在菜单中点击"连接账户"按钮，打开"连接"屏幕，如图 8-61 所示。

图 8-59 "销售副总裁"示例

图 8-60 Power BI 菜单

在"连接"屏幕中可选择连接到"Power BI"（app.powerbi.cn）或报表服务器。在屏幕中点击"Power BI"，可打开"登录 Power BI"屏幕，如图 8-62 所示。

图 8-61 "连接"屏幕

图 8-62 "登录 Power BI"屏幕

输入账户名称，点击"登录"按钮。如果账户名正确，会打开"输入密码"屏幕，如图 8-63 所示。

输入密码后，点击"登录"按钮登录到 Power BI 服务，并进入"我的工作区"屏幕，如图 8-64 所示。

从图中可以看到，手机端的"我的工作区"只有"仪表板""报表"两个选项卡，说明手机端只能访问仪表板和报表。

图 8-63　"输入密码"屏幕

图 8-64　"我的工作区"屏幕

8.5.2　查看仪表板

在"我的工作区"的"仪表板"选项卡中，点击仪表板名称，可打开仪表板。图 8-65 显示了打开的"数据分析"仪表板。点击仪表板中的磁贴可打开磁贴连接的报表或其他项目。图 8-66 为"7.3 实战"报表的显示效果。

图 8-65　查看仪表板

图 8-66　"7.3 实战"报表

8.5.3　查看报表

在"我的工作区"的"报表"选项卡中列出了现有的报表，如图 8-67 所示。点击报表名称可打开报表。图 8-68 为"产品销量报表"报表的显示效果。

图 8-67 "报表"选项卡

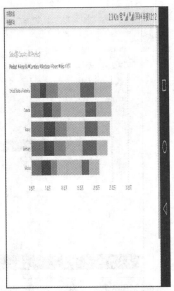

图 8-68 "产品销量报表"报表的显示效果

8.6 实战：创建录取分析仪表板

本节综合应用本章所学知识，在 Power BI 服务中创建"录取分析"仪表板，如图 8-69 所示。

V8-14 实战：
创建录取分析
仪表板

图 8-69 "录取分析"仪表板

实例资源文件：本书资源\chapter08\录取库.xlsx

在 Excel 文件"录取库.xlsx"中有两个表：招生专业和成绩数据，用其中的数据创建报表分析报名人数、录取人数，以及各考试科目的最高分、最低分和平均分。

8.6.1 导入成绩库数据

虽然在 Power BI 服务中可以导入数据，但它不支持数据建模。所以，通常先在 Power BI

Desktop 中完成导入数据、创建报表的操作，然后将其发布到 Power BI 服务上。在 Power BI 服务中可进一步创建仪表板或根据需要创建其他报表。

下面首先导入 Excel 文件"录取库.xlsx"中的数据，具体的操作步骤如下。

（1）启动 Power BI Desktop，在开始屏幕中选择"获取数据"，导入"录取库.xlsx"中的"招生专业""成绩数据"表。

（2）在数据视图中，将"招生专业""成绩数据"两个表中的"专业代码"字段的数据类型更改为"文本"。

（3）在数据视图中显示"成绩数据"表的数据。在"建模"选项卡中，单击"新建列"按钮，用下面的公式创建"录取状态"字段。

录取状态 = IF(([语文]+[数学]+[外语]+[加分])>120,"录取","待定")

（4）在"建模"选项卡中，单击"新建表"按钮，用下面的公式创建"录取统计"表。

录取统计 = SUMMARIZE(FILTER('成绩数据','成绩数据'[录取状态]="录取"),'成绩数据'[专业代码],"录取人数",COUNT('成绩数据'[专业代码]))

（5）再选择"新建表"操作创建"报名统计"表，公式如下。

报名统计 = SUMMARIZE('成绩数据','成绩数据'[专业代码],"报名人数",COUNT('成绩数据'[专业代码]))

（6）切换到关系视图，按"专业代码"字段建立"招生专业"表和其他表之间的关系，如图 8-70 所示。

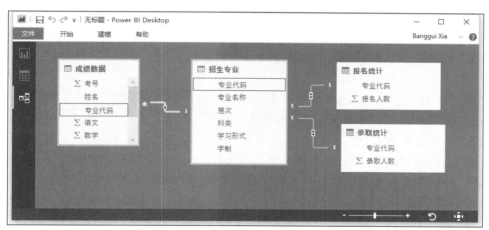

图 8-70　创建关系

8.6.2　创建报名和录取人数对比报表

具体的操作步骤如下。

（1）切换到报表视图。在"可视化"窗格中单击簇状柱形图按钮，将其添加到报表中。在"字段"窗格中勾选"招生专业"表的"专业名称"字段、"报名统计"表的"报名人数"字段和"录取统计"表的"录取人数"字段。

（2）在"可视化"窗格的"格式"选项卡中，将簇状柱形图的标题文本设置为"报名和录取人数对比"，对齐方式设置为"居中"，文本大小设置为"20"，图例、x 轴和 y 轴的文本大小均设置为"16"，边框设置为"开"。

（3）单击报表的空白位置。然后在"可视化"窗格中单击"切片器"按钮，将其添加到报表中。在"字段"窗格中勾选"招生专业"表的"层次"字段。

（4）在"可视化"窗格的"格式"选项卡中，将切片器的切片器标头设置为"关"，标题设置为"开"，标题文本设置为"层次筛选"，标题和项目的文本大小均设置为"16"。

（5）适当调整簇状柱形图和切片器的位置，完成录取分析报表设计，如图 8-71 所示。

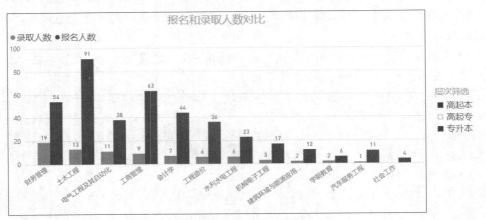

图 8-71　录取分析报表

（6）在"开始"选项卡中单击"新建页面"按钮，为报表添加一个新页面。

（7）在"可视化"窗格中单击"矩阵"按钮，将其添加到报表中。

（8）在"字段"窗格中勾选"成绩数据"表中的"语文""数学""外语"字段，将其添加到矩阵中。

（9）在"可视化"窗格的"格式"选项卡中，将"值"选项中各个字段的汇总方式设置为"平均值"。在"格式"选项卡中，将列标题和值的文本大小设置为"16"，边框设置为"开"。

（10）按照相同的方法创建矩阵，显示"语文""数学""外语"字段的最大值和最小值。第 2 页报表的显示效果如图 8-72 所示。

（11）按"Ctrl+S"组合键，保存报表，文件命名为"8.6 实战"。

图 8-72　第 2 页报表的显示效果

8.6.3　创建录取分析仪表板

具体的操作步骤如下。

（1）选择"文件\登录"命令，登录到 Power BI 服务。

（2）选择"文件\发布\发布到 Power BI"命令，将报表发布到"我的工作区"。

（3）单击 Power BI Desktop 工具栏中的 Power BI 服务用户名，打开菜单，在菜单中选择"Power BI 服务"命令，在浏览器中打开 Power BI 服务。

（4）在"我的工作区"的"报表"选项卡中，单击"8.6 实战"，打开报表。

（5）单击"报表页面"选项卡，显示报表的第 1 页。然后，单击工具栏中的"固定活动页面"按钮,将报表的第 1 页固定到新建的仪表板中,并将新建仪表板的名称设置为"录取分析"。

(6)单击"报表页面"选项卡,显示报表的第 2 页。然后,分别将 3 个矩阵固定到"录取分析"仪表板中。

(7)返回"我的工作区",在"仪表板"选项卡中单击"录取分析"仪表板,将其打开。

(8)调整各个磁贴的大小和位置。将 3 个矩阵磁贴的标题分别修改为"成绩最大值""成绩最小值""成绩平均值"。完成的仪表板如图 8-73 所示。

图 8-73 完成的仪表板

8.7 小结

本章主要介绍了 Power BI 服务的部分功能,包括注册 Power BI 服务、在 Power BI Desktop 中使用 Power BI 服务、Power BI 服务中的报表操作、仪表板,以及在移动设备中使用 Power BI 等内容。

8.8 习题

实例资源文件:本书资源\chapter08\录取库.xlsx、销售数据.csv

1. 将"销售数据.csv"导入 Power BI 服务。

2. 参考 8.6.1,在 Power BI Desktop 中导入"录取库.xlsx",创建"录取统计""报名统计"表,并定义表之间的关系,将报表保存为"8.8 习题 2"。然后在 Power BI 服务中导入报表"8.8 习题 2"中的数据。

3. 在 Power BI 服务中使用自定义视觉对象 Tornado chart(龙卷风图)创建专业报名人数和录取人数对比图,如图 8-74 所示。

V8-15　习题 8-1　　　　V8-16　习题 8-2　　　　V8-17　习题 8-3

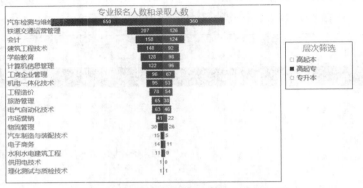

图 8-74　专业报名人数和录取人数对比图

4. 在 Power BI 服务中，创建国家产品销量堆积条形图，如图 8-75 所示。

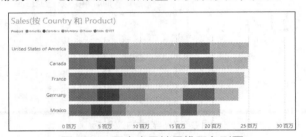

图 8-75　国家产品销量堆积条形图

V8-18　习题 8-4

5. 创建一个仪表板，将其命名为"8.8 习题"，将习题 3 中的报表和习题 4 中的国家产品销量堆积条形图固定到仪表板中，如图 8-76 所示。

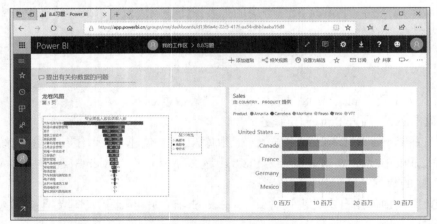

V8-19　习题 8-5

图 8-76　"8.8 习题"仪表板

第9章 社科研究数据分析

重点知识:

- 掌握获取社科研究数据的方法
- 掌握社科研究数据分析的方法

本章将对某省的哲学社会科学研究获奖专著的被引用数据(简称社科研究数据)进行分析。引证获奖专著的文献包括图书、期刊、会议文献和硕博士论文 4 种类型。

本章将使用 Power BI Desktop 从 Excel 文件中导入社科研究数据,然后通过创建各种可视化对象进行数据分析。

9.1 获取社科研究数据

在开始数据分析之前,需要将"社科研究数据.xlsx"文件中的"研究数据"表导入 Power BI Desktop 中。

实例资源文件:本书资源\chapter09\社科研究数据.xlsx

具体的操作步骤如下。

V9-1 获取社科
研究数据

(1)启动 Power BI Desktop,在开始屏幕中选择"获取数据"选项,打开"获取数据"对话框,如图 9-1 所示。

图 9-1 "获取数据"对话框

（2）在对话框的"全部"列表中双击"Excel"选项，打开"打开"对话框，如图 9-2 所示。

图 9-2 "打开"对话框

（3）在对话框中找到"社科研究数据.xlsx"文件，双击文件，打开"导航器"对话框，如图 9-3 所示。

图 9-3 "导航器"对话框

（4）在"导航器"对话框的左侧列表中勾选"研究数据"，然后单击"加载"选项，完成数据导入的操作。

9.2 社科研究数据分析

本节将使用前面导入的"研究数据"表创建各种视觉对象，从而完成数据分析。"研究数据"表中包含了获奖的社科研究成果专著的相关数据，包括"顺序""档案号""届次""奖项等次""成果名称""成果形式""出版社""出版年份""第 1 获奖人""第 1 获奖单位""单位所在地""一级学科""图书引用量""期刊引用量""会议文献引用量""硕博士论文引用量""最大引用量年份""最大引用量""引用最小年""引用最大年"等字段。

V9-2 被引数
分析

9.2.1　被引数分析

专著的被引数为"图书引用量""期刊引用量""会议文献引用量""硕博士论文引用量"字段之和，若和为 0，说明该专著未被引用。在报表中创建一个饼图，显示获奖专著的被引数和未被引数，如图 9-4 所示。

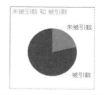

图 9-4　被引数饼图

具体的操作步骤如下。

（1）在"建模"选项卡中单击"新建列"按钮，打开公式编辑器。输入下面的公式创建"总引用量"计算列。

总引用量 = [会议文献引用量]+[图书引用量]+[期刊引用量]+[硕博士论文引用量]

（2）在"建模"选项卡中单击"新建度量值"按钮，打开公式编辑器。输入下面的公式创建"被引数"度量值。

被引数 = COUNTROWS(filter('研究数据',[总引用量]>0))

（3）在"建模"选项卡中单击"新建度量值"按钮，打开公式编辑器。输入下面的公式创建"未被引数"度量值。

未被引数 = COUNTROWS(filter('研究数据',[总引用量]=0))

（4）切换到报表视图。在"可视化"窗格中单击饼图按钮，将其添加到报表中。

（5）在"字段"窗格中勾选"被引数""未被引数"度量值。

（6）在"可视化"窗格的"格式"选项卡中，将"边框"设置为"开"，"详细信息标签""标题"的"文本大小"设置为"16"。完成的饼图如图 9-4 所示。

V9-3　按届次分析被图书引用情况

9.2.2　按届次分析被图书引用情况

本节将按届次分析被图书引用的专著数量、专著百分占比、被引数合计、部均被引数和被引数百分占比，效果如图 9-5 所示。

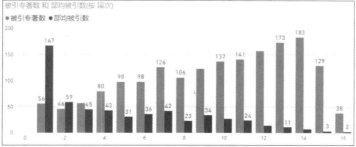

图 9-5　按届次分析被图书引用情况

具体的操作步骤如下。

（1）在"建模"选项卡中单击"新建度量值"按钮，打开公式编辑器。输入下面的公式创建"被图书引用专著数"度量值。

被图书引用专著数 = COUNTROWS(filter('研究数据',[图书引用量]>0))

（2）切换到数据视图。在"建模"选项卡中单击"新建列"按钮，打开公式编辑器。输入下面的公式，创建"按届次分析"计算表。

按届次分析 = SUMMARIZE(FILTER('研究数据',[图书引用量]>0),[届次]
              ,"被引专著数",count('研究数据'[档案号])
              ,"被引数合计",sum('研究数据'[图书引用量])
              ,"部均被引数",sum('研究数据'[图书引用量])/count('研究数据'[档案号]))

（3）单击表格中的"部均被引数"列，然后在"建模"选项卡中单击"格式"按钮，将列的格式设置为"整数"。

（4）在"建模"选项卡中单击"新建列"按钮，打开公式编辑器。输入下面的公式，为"按届次分析"表创建"被引数百分占比"计算列。

被引数百分占比 = [被引数合计]/sum([被引数合计])

（5）在"建模"选项卡中单击"格式"按钮，将"被引数百分占比"列的格式设置为"百分比"。

（6）在"建模"选项卡中单击"新建列"按钮，打开公式编辑器。输入下面的公式，为"按届次分析"表创建"专著百分占比"计算列。

专著百分占比 = [被引专著数]/[被图书引用专著数]

（7）在"建模"选项卡中单击"格式"按钮，将"专著百分占比"列的格式设置为"百分比"。

（8）切换到报表视图。在"可视化"窗格中单击表按钮，将其添加到报表中。

（9）在"字段"窗格中依次勾选"按届次分析"表中的"届次""被引专著数""专著百分占比""被引数合计""部均被引数""被引数百分占比"等字段。

（10）在"可视化"窗格的"字段"选项卡中，单击"值"选项中的"届次"字段，在快捷菜单中选择"不汇总"，以便在表格中显示所有届次。

（11）在"可视化"窗格的"格式"选项卡中，将"边框"设置为"开"，"列标题""值"的"文本大小"设置为"14"，"标题"设置为"开"，标题文本设置为"按届次分析获奖专著被图书引用情况"，标题字体颜色设置为"红色"，标题对齐方式设置为"居中"，标题文本大小设置为"16"。

（12）单击报表的空白位置，在"可视化"窗格中单击簇状柱形图按钮，将其添加到报表中。

（13）在"字段"窗格中依次勾选"按届次分析"表中的"届次""被引专著数""部均被引数"字段。

（14）在"可视化"窗格的"格式"选项卡中，将"边框""数据标签"设置为"开"，"X轴""Y轴""数据标签""标题"的"文本大小"设置为"14"。

（15）适当调整各个视觉对象的大小和位置。完成的视觉对象效果如图9-5所示。

9.2.3　按奖项等次分析被图书引用情况

本节将按奖项等次分析被图书引用的专著数量、被引数合计、部均被引数、专著百分占比和被引数百分占比等情况，效果如图 9-6 所示。

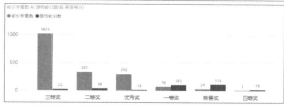

图 9-6　按奖项等次分析被图书引用情况

具体的操作步骤如下。

（1）在"开始"选项卡中单击"新建页面"按钮，为报表添加一个页面。

（2）切换到数据视图。在"建模"选项卡中单击"新建表"按钮，打开公式编辑器。输入下面的公式，创建"按奖项分析"计算表。

```
按奖项分析 = SUMMARIZE(FILTER('研究数据',[图书引用量]>0),'研究数据'[奖项等次]
        ,"被引专著数",count('研究数据'[档案号])
        ,"被引数合计",sum('研究数据'[图书引用量])
        ,"部均被引数",sum('研究数据'[图书引用量])/count('研究数据'[档案号]))
```

（3）单击表格中的"部均被引数"列，然后在"建模"选项卡中单击"格式"按钮，将列的格式设置为"整数"。

（4）在"建模"选项卡中单击"新建列"按钮，打开公式编辑器。输入下面的公式，为"按奖项分析"表创建"专著百分占比"计算列。

```
专著百分占比 = [被引专著数]/[被图书引用专著数]
```

（5）在"建模"选项卡中单击"格式"按钮，将"专著百分占比"列的格式设置为"百分比"。

（6）在"建模"选项卡中单击"新建列"按钮，打开公式编辑器。输入下面的公式，为"按奖项分析"表创建"被引数百分占比"计算列。

```
被引数百分占比 = [被引数合计]/sum([被引数合计])
```

（7）在"建模"选项卡中单击"格式"按钮，将"被引数百分占比"列的格式设置为"百分比"。

（8）在"建模"选项卡中单击"新建列"按钮，打开公式编辑器。输入下面的公式，为"按奖项分析"表创建"顺序"计算列。

```
顺序 = IF([奖项等次]="荣誉奖",1,IF([奖项等次]="优秀奖",2,IF([奖项等次]="一等奖
```

",3,IF([奖项等次]="二等奖",4,IF([奖项等次]="三等奖",5,6)))))

（9）切换到报表视图。在"可视化"窗格中单击表按钮，将其添加到报表中。

（10）在"字段"窗格中依次勾选"按奖项分析"表中的"顺序""奖项等次""被引专著数""被引数合计""部均被引数""专著百分占比""被引数百分占比"等字段。在"可视化"窗格的"字段"选项卡中，单击"值"选项中的"顺序"字段，在快捷菜单中选择"不汇总"。

（11）在"可视化"窗格的"格式"选项卡中，将"边框"设置为"开"，"列标题""值"的"文本大小"设置为"14"，"标题"设置为"开"，标题文本设置为"按奖项分析获奖专著被图书引用情况"，标题字体颜色设置为"红色"，标题对齐方式设置为"居中"，标题文本大小设置为"16"。

（12）单击报表的空白位置，在"可视化"窗格中单击簇状柱形图按钮，将其添加到报表中。在"字段"窗格中依次勾选"按奖项分析"表中的"届次""被引专著数""部均被引数"字段。

（13）在"可视化"窗格的"格式"选项卡中，将"边框""数据标签"设置为"开"，"X 轴""Y 轴""数据标签""标题"的"文本大小"设置为"14"。

（14）适当调整各个视觉对象的大小和位置。完成的视觉对象效果如图 9-6 所示。

V9-5　按出版社分析被图书引用情况

9.2.4　按出版社分析被图书引用情况

本节将按出版社分析被图书引用的专著数量、被引数合计、部均被引数、专著百分占比和被引数百分占比等情况，效果如图 9-7 所示。

出版社	被引专著数	被引数合计	部均被引数	专著百分占比	被引数百分占比
四川人民出版社	271	9063	33	15.50%	18.38%
巴蜀书社	155	3692	24	8.87%	7.49%
四川大学出版社	177	3606	20	10.13%	7.31%
上海古籍出版社	6	3326	554	0.34%	6.74%
重庆出版社	48	3151	66	2.75%	6.39%
西南财经大学出版社	131	2188	17	7.49%	4.44%
人民出版社	50	1761	35	2.86%	3.57%
中国政法大学出版社	5	1540	308	0.29%	3.12%
西南师范大学出版社	34	1485	44	1.95%	3.01%
四川省社会科学院出版社	29	1363	47	1.66%	2.76%
中华书局	18	1057	59	1.03%	2.14%
四川教育出版社	48	1037	22	2.75%	2.10%
法律出版社	29	1022	35	1.66%	2.07%
四川民族出版社	25	1005	40	1.43%	2.04%
上海人民出版社	12	740	62	0.69%	1.50%
中国社会科学出版社	55	692	13	3.15%	1.40%
华中工学院出版社	2	643	322	0.11%	1.30%
上海文艺出版社	6	560	93	0.34%	1.14%
广西教育出版社	101	523		0.22%	
总计	1748	49311	6134	100.00%	100.00%

图 9-7　按出版社分析被图书引用情况

具体的操作步骤如下。

（1）在"开始"选项卡中单击"新建页面"按钮，为报表添加一个页面。

（2）切换到数据视图。在"建模"选项卡中单击"新建表"按钮，打开公式编辑器。输入下面的公式创建"按出版社分析"计算表。

按出版社分析 = SUMMARIZE(FILTER('研究数据',[图书引用量]>0),'研究数据'[出版社],"被引专著数",count('研究数据'[档案号])

```
,"被引数合计",sum('研究数据'[图书引用量]))
    ,"部均被引数",sum('研究数据'[图书引用量])/count('研究数据'[档案号]))
```

（3）单击表格中的"部均引用数"列，然后在"建模"选项卡中单击"格式"按钮，将列的格式设置为"整数"。

（4）在"建模"选项卡中单击"新建列"按钮，打开公式编辑器。输入下面的公式，为"按出版社分析"表创建"专著百分占比"计算列。

```
专著百分占比 = [被引专著数]/[被图书引用专著数]
```

（5）在"建模"选项卡中单击"格式"按钮，将"专著百分占比"列的格式设置为"百分比"。

（6）在"建模"选项卡中单击"新建列"按钮，打开公式编辑器。输入下面的公式，为"按出版社分析"表创建"被引数百分占比"计算列。

```
被引数百分占比 = [被引数合计]/sum([被引数合计])
```

（7）在"建模"选项卡中单击"格式"按钮，将"被引数百分占比"列的格式设置为"百分比"。

（8）切换到报表视图。在"可视化"窗格中单击表按钮，将其添加到报表中。

（9）在"字段"窗格中依次勾选"按出版社分析"表中的"出版社""被引专著数""被引数合计""部均被引数""专著百分占比""被引数百分占比"等字段。

（10）在"可视化"窗格的"格式"选项卡中，将"边框"设置为"开"，"列标题""值"的"文本大小"设置为"14"，"标题"设置为"开"，标题文本设置为"按出版社分析获奖专著被图书引用情况"，标题字体颜色设置为"红色"，标题对齐方式设置为"居中"，标题文本大小设置为"16"。

（11）适当调整各个视觉对象的大小和位置。完成的视觉对象效果如图 9-7 所示。

V9-6　按出版年份分析被引用情况

9.2.5　按出版年份分析被引用情况

本节将创建一个簇状柱形图，用于按出版年份显示获奖专著被各种文献引用的情况，如图 9-8 所示。

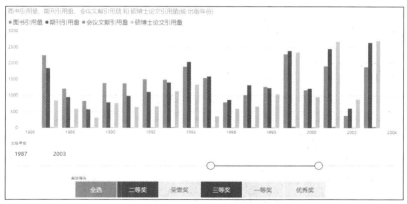

图 9-8　按出版年份分析被引用情况

具体的操作步骤如下。

（1）在"开始"选项卡中单击"新建页面"按钮，为报表添加一个页面。

（2）在"可视化"窗格中单击簇状柱形图按钮，将其添加到报表中。

（3）从"字段"窗格中将"研究数据"表的"出版年份"字段拖动到"可视化"窗格的"轴"选项中，将"图书引用量""期刊引用量""会议文献引用量""硕博士论文引用量"等字段拖动到"可视化"窗格的"值"选项中，确认"值"选项中各个字段的汇总方式均为"求和"。

（4）在"可视化"窗格的"格式"选项卡中，将"X轴""Y轴""标题"的"文本大小"选项设置为"14"。

（5）单击报表的空白位置，在"可视化"窗格中单击切片器按钮，将其添加到报表中。然后在"字段"窗格中勾选"研究数据"表中的"出版年份"字段。在"可视化"窗格的"格式"选项卡中，将"数值输入"的"文本大小"选项设置为"12"。

（6）单击报表的空白位置。在"可视化"窗格中单击切片器按钮，将其添加到报表中。然后在"字段"窗格中勾选"研究数据"表中的"奖项等次"字段。在"可视化"窗格的"格式"选项卡中，将"常规"的"方向"选项设置为"水平"，"项目"的"文本大小"选项设置为"12"，"选择控件"的"显示"全选"选项"选项设置为"开"，"单项选择"选项设置为"关"。

（7）适当调整各个视觉对象的大小和位置。完成的报表页如图 9-8 所示。

V9-7　按一级学科分析被图书引用情况

9.2.6　按一级学科分析被图书引用情况

本节将按一级学科分析被图书引用的专著数量、被引数合计、部均被引数、专著百分占比和被引数百分占比等情况，效果如图9-9所示。

一级学科	被引专著数	被引数合计	部均被引数	专著百分占比	被引数百分占比
中国文学	142	6060	43	8.12%	12.29%
综合类	84	5138	61	4.81%	10.42%
应用经济	298	4725	16	17.05%	9.58%
中国历史	84	4646	55	4.81%	9.42%
法学	99	4628	47	5.66%	9.39%
教育学	168	4445	26	9.61%	9.01%
语言学	67	3288	49	3.83%	6.67%
宗教学	39	2972	76	2.23%	6.03%
社会学	126	2167	17	7.21%	4.39%
民族问题研究	49	1631	33	2.80%	3.31%
艺术学	52	1384	27	2.97%	2.81%
管理学	114	1205	11	6.52%	2.44%
哲学				3.89%	2.30%
总计	1748	49311	741	100.00%	100.00%

按一级学科分析获奖专著被图书引用情况

图9-9　按一级学科分析被图书引用情况

具体的操作步骤如下。

（1）在"开始"选项卡中单击"新建页面"按钮，为报表添加一个页面。

（2）切换到数据视图。在"建模"选项卡中单击"新建表"按钮，打开公式编辑器。输入下面的公式，创建"按一级学科分析"计算表。

```
按一级学科分析 = SUMMARIZE(FILTER('研究数据',[图书引用量]>0),'研究数据'[一级学科]
        ,"被引专著数",count('研究数据'[档案号])
        ,"被引数合计",sum('研究数据'[图书引用量])
        ,"部均被引数",sum('研究数据'[图书引用量])/count('研究数据'[档案号]))
```

（3）单击表格中的"部均引用数"列，然后在"建模"选项卡中单击"格式"按钮，将列的格式设置为"整数"。

（4）在"建模"选项卡中单击"新建列"按钮，打开公式编辑器。输入下面的公式，为"按一级学科分析"表创建"专著百分占比"计算列。

专著百分占比 ＝ ［被引专著数］／［被图书引用专著数］

（5）在"建模"选项卡中单击"格式"按钮，将"专著百分占比"列的格式设置为"百分比"。

（6）在"建模"选项卡中单击"新建列"按钮，打开公式编辑器。输入下面的公式，为"按一级学科分析"表创建"被引数百分占比"计算列。

被引数百分占比 ＝ ［被引数合计］／sum（［被引数合计］）

（7）在"建模"选项卡中单击"格式"按钮，将"被引数百分占比"列的格式设置为"百分比"。

（8）切换到报表视图。在"可视化"窗格中单击表按钮，将其添加到报表中。

（9）在"字段"窗格中依次勾选"按一级学科分析"表中的"一级学科""被引专著数""被引数合计""部均被引数""专著百分占比""被引数百分占比"等字段。

（10）在"可视化"窗格的"格式"选项卡中，将"边框"设置为"开"，"列标题""值"的"文本大小"设置为"14"，"标题"设置为"开"，标题文本设置为"按一级学科分析获奖专著被图书引用情况"，标题字体颜色设置为"红色"，标题对齐方式设置为"居中"，标题文本大小设置为"16"。完成的表如图 9-9 所示。

9.3　小结

本章综合应用本书前面各章讲解的知识，对社科研究获奖专著数据进行了分析，主要包括被引数分析、按届次分析被图书引用情况、按奖项等次分析被图书引用情况、按出版社分析被图书引用情况、按出版年份分析被图书引用情况，以及按一级学科分析被图书引用情况等。读者可参考本章内容，分析社科研究获奖专著被期刊、会议文献及硕博士论文的引用情况。

9.4　习题

1. 按届次分析社科研究获奖专著被期刊引用的情况，如图 9-10 所示。

届次	被引专著数	被引数合计	部均被引数	专著百分占比	被引数百分占比
1	52	4322	83	3.03%	9.82%
2	39	1481	38	2.28%	3.37%
3	56	1973	35	3.27%	4.48%
4	65	2167	33	3.79%	4.93%
5	84	1989	24	4.90%	4.52%
6	96	3102	32	5.60%	7.05%
7	113	4689	41	6.59%	10.66%
8	97	2814	29	5.66%	6.40%
9	101	4157	41	5.89%	9.45%
10	137	4204	31	7.99%	9.56%
11	135	4336	32	7.88%	9.86%
12	165	3375	20	9.63%	7.67%
13	172	2764	16	10.04%	6.28%
14	213	1791	8	12.43%	4.07%
15	140	679	5	8.17%	1.54%
16	49	154	3	2.86%	0.35%
总计	1714	43997	471	100.00%	100.00%

按届次分析社科研究获奖专著被期刊引用的情况

V9-8　习题 9-1

图 9-10　按届次分析社科研究获奖专著被期刊引用的情况

2. 按奖项等次分析社科研究获奖专著被会议文献引用的情况，如图 9-11 所示。

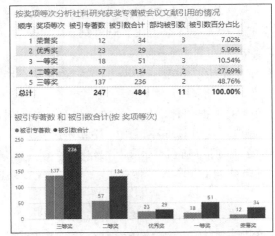

V9-9　习题 9-2

按奖项等次分析社科研究获奖专著被会议文献引用的情况

顺序	奖项等次	被引专著数	被引数合计	部均被引数	被引数百分占比
1	荣誉奖	12	34	3	7.02%
2	优秀奖	23	29	1	5.99%
3	一等奖	18	51	3	10.54%
4	二等奖	57	134	2	27.69%
5	三等奖	137	236	2	48.76%
总计		247	484	11	100.00%

图 9-11　按奖项等次分析社科研究获奖专著被会议文献引用的情况

3. 按出版社分析社科研究获奖专著被硕博士论文引用的情况，如图 9-12 所示。

V9-10　习题 9-3

按出版社分析社科研究获奖专著被硕博士论文引用的情况

出版社	被引专著数	被引数合计	部均被引数	被引数百分占比	专著百分占比
四川人民出版社	168	2779	17	9.59%	16.45%
西南财经大学出版社	84	2601	31	8.98%	8.23%
四川大学出版社	111	2244	20	7.75%	10.87%
中国政法大学出版社	4	1870	468	6.46%	0.39%
巴蜀书社	88	1590	18	5.49%	8.62%
西南师范大学出版社	20	1456	73	5.03%	1.96%
重庆出版社	34	1184	35	4.09%	3.33%
人民出版社	26	878	34	3.03%	2.55%
法律出版社	12	827	69	2.86%	1.18%
广西教育出版社	4	814	204	2.81%	0.39%
中国社会科学出版社	24	735	31	2.54%	2.35%
高等教育出版社	5	598	120	2.06%	0.49%
四川教育出版社	31	576	19	1.99%	3.04%
电子科技大学出版社	21	507	24	1.75%	2.06%
上海人民出版社	9	436	48	1.51%	0.88%
总计	1021	28964	5295	100.00%	100.00%

图 9-12　按出版社分析社科研究获奖专著被硕博士论文引用的情况